NOTIONS

D'AGRICULTURE.

NOTIONS
D'AGRICULTURE

A L'USAGE PLUS PARTICULIÈREMENT

DES PETITS PROPRIÉTAIRES ET DES FERMIERS

des Départements de l'ancienne province de Bretagne,

ET

CONSIDÉRATIONS GÉNÉRALES

SUR LES MOYENS DE HATER LES PROGRÈS DE L'INDUSTRIE
AGRICOLE DANS LES DÉPARTEMENTS DE L'EMPIRE
OU ELLE EST LE PLUS ARRIÉRÉE.

RENNES,

Imprimerie de F. PÉALAT, rue de Bordeaux.

1856.

NOTIONS D'AGRICULTURE

A L'USAGE PLUS PARTICULIÈREMENT

DES PETITS PROPRIÉTAIRES ET DES FERMIERS

des Départements de l'ancienne province de Bretagne,

ET

CONSIDÉRATIONS GÉNÉRALES

Sur les moyens de hâter les progrès de l'Industrie Agricole dans les départements de l'Empire où elle est le plus arriérée.

> L'agriculture est le premier élément de la prospérité d'un pays, parce qu'elle repose sur des intérêts immuables, et qu'elle forme la population saine, vigoureuse et morale des campagnes.
> L'agriculture en France est loin d'avoir atteint tous les perfectionnements désirables.
> L'industrie appelle, tous les jours, les hommes dans les villes, où elle les énerve. Il faut rappeler dans les campagnes ceux qui sont de trop dans les villes, et retremper en plein air leur esprit et leur corps.
> (Œuvres de Napoléon III, édition de 1854, tome 2, de *l'Extinction du paupérisme* et *Analyse de la question des sucres*, pages 209, 198 et 117.)

INTRODUCTION.

Croyant entrer dans les vues du Gouvernement et faire quelque chose d'utile à mon pays, à la province où je suis né, j'entreprends d'écrire sur l'agriculture. Ainsi que l'indique le titre, mon opuscule est destiné, au moins dans sa première partie, à la classe des cultivateurs peu éclairés, aux petits propriétaires et aux fermiers qui dirigent eux-mêmes leurs charrues et manient, tous les jours, la bêche, la houe ou le hoyau, la faucille, la faulx, etc., et qui n'ayant ni le temps, ni l'instruction nécessaire pour lire avec fruit les ouvrages de nos savants agronomes, veulent trouver, sous des formes simples et concises, les résultats obtenus par la science ou dus à l'expérience persévérante de leurs devanciers. Il est à désirer que, dans les divers départements de la France, il soit publié de semblables enseignements, car la culture ne peut être la même dans toute l'étendue de ce vaste Empire. C'est au Gouvernement qu'il appartient de donner l'impulsion à l'industrie agricole, en secondant les efforts des hommes qui se vouent aux rudes travaux qu'elle exige, travaux qu'on tend à rendre plus supportables, par l'invention et le perfectionnement des machines les plus ingénieuses. Plus la population s'accroît et plus on doit s'attacher à augmenter la somme des substances végétales et le nombre des bestiaux, qui fournissent tout à la fois des aliments et des vêtements aux populations, et satisfont ainsi aux premiers et aux plus impérieux de leurs besoins. Pour protéger efficacement l'agriculture et lui imprimer tout son essor, le Gouvernement n'a autre chose à faire qu'à favoriser son développement, sans s'immiscer en rien dans le mode et les moyens d'exploitation des terres, qui doivent être abandonnés à l'intérêt privé, à l'intelligence et à l'activité des propriétaires et fermiers. Voici, dans mon opinion, qui, j'en conviens, n'est pas d'un grand poids, quelle est en cette matière la principale tâche du chef de l'Etat, de ses agents supérieurs ou ministres :

1º Améliorer de plus en plus la voirie rurale, afin de

rendre les communications faciles, de mettre les cultivateurs à même d'opérer en toute saison, avec économie de temps et de frais, le transport des engrais et des productions du sol, afin aussi de fixer ou d'attirer sur leurs terres les grands propriétaires, lesquels ne manqueraient pas d'entreprendre des travaux d'utilité ou d'agrément, et retiendraient ainsi dans nos campagnes, la classe ouvrière qui s'en éloigne chaque jour et va grossir encore le trop plein de nos villes;

2° Ouvrir et assurer, s'il est possible, des débouchés et des écoulements à nos produits agricoles de toute espèce, dans les années d'abondance, pour prévenir la vileté de leur prix; qui tue l'émulation des cultivateurs et les désespère, quand elle ne les ruine pas;

3° Amener, soit par l'abaissement des droits de douane, soit par des subventions offertes aux maîtres de forges et de fonderies françaises, une réduction dans le prix des fers et des fontes;

4° Faciliter, par les mêmes moyens ou des moyens analogues, l'introduction en France des engrais et *amendements* qu'on tire des pays étrangers;

5° Décerner des récompenses honorifiques ou des primes en argent, en instruments aratoires, etc., aux cultivateurs de toute classe et de tout rang qui se sont fait remarquer par leur intelligence, leur activité et leur bonne conduite; en décerner également aux serviteurs et servantes qui sont restés le plus longtemps attachés aux mêmes *patrons*, et qui se sont distingués par leur probité, leur fidélité et leur travail;

6° Imposer aux directeurs d'instituts agricoles et de fermes-modèles subventionnés par l'Etat ou par les départements, des programmes auxquels ils seraient tenus de se conformer, et qui leur prescriraient notamment de faire des essais en tout genre pour l'adoption de nouveaux modes de culture, l'amélioration des races de nos bestiaux, l'acclimatation d'animaux, d'arbres, de plantes et arbustes étrangers, dont on peut tirer quelque avantage pour l'alimentation et pour les autres besoins de la population, et plus particulièrement des classes ouvrières, de régénérer par des semis les plantes qui se reproduisent ordinairement par leurs racines bulbeuses ou tuberculeuses, et enfin de rendre compte, chaque année, des résultats obtenus ;

7° Donner des primes ou des récompenses honorifiques aux inventeurs des meilleurs instruments et machines aratoires, ainsi qu'à ceux qui les perfectionnent, surtout lorsque la modération des prix de ces instruments et machines permet, aux laboureurs qui ont peu d'aisance, d'en faire l'acquisition ;

8° Livrer, à titre d'encouragement, aux bons cultivateurs signalés par les comices et par les chambres consultatives d'agriculture, des animaux reproducteurs des plus belles espèces ;

9° Placer, dans les dépôts des haras, des étalons qui soient en rapport avec les juments qu'ils doivent saillir, seul moyen d'arriver à des croisements profitables à l'Etat et aux propriétaires et fermiers ;

10° Faire veiller à ce que, tout en opérant les croisements des races chevaline, bovine, ovine ou porcine, l'on conserve toujours des types des races primitives, par l'accouplement de sujets bien choisis, appartenant à ces dernières races ;

11° Envoyer dans les départements, et faire distribuer par les comices agricoles, des modèles de bâtiments ruraux le mieux appropriés à l'exploitation des fermes, depuis trois cents francs jusqu'à trois ou quatre mille francs de revenu;

12° Accorder des primes à tout propriétaire ou fermier qui, dans la même année, aura défriché au moins six hectares de landes ou de terrains improductifs, l'allégement de l'impôt foncier résultant de la loi du 3 frimaire an VII n'étant pas suffisant pour stimuler leur zèle;

13° Réviser et compléter la législation sur les cours d'eau, autres que les rivières navigables ou flottables;

14° Créer des colonies agricoles pour opérer le défrichement de nos landes, colonies où on placerait les enfants trouvés.

Toutes les propositions énoncées sous les quatorze numéros ci-dessus, et dont quelques-unes ont déjà reçu un commencement d'exécution, soit de la part du Gouvernement, soit de la part des comices, demanderaient des développements que j'aurai l'occasion de leur donner plus tard, dans le cours de mon travail.

C'est, je le répète, du Gouvernement que doit venir l'impulsion aux progrès et aux améliorations agricoles qui, j'en suis convaincu, seront l'objet d'essais incessants faits par les propriétaires et fermiers et qui seront réalisés par eux lorsqu'ils seront excités à la fois par leur propre intérêt, par l'espoir de mériter des récompenses flatteuses, honorables même, et par la certitude d'acquérir la considération et l'estime de leurs concitoyens. Ce que je ne puis différer d'exprimer, c'est que j'ai toujours été étonné et attristé de n'avoir vu jusqu'à ce jour, du moins dans les départements de la Bretagne, décerner aucune décoration de la Légion-d'Honneur à des cultivateurs *paysans*. Pourquoi ne l'obtiendraient-ils pas comme le soldat ou le marin qui se sont distingués par une action d'éclat? La croix de cet ordre, dans la pensée de l'illustre prince qui le fonda, est destinée à récompenser tous les genres de mérite. Qu'il me soit permis, à ce sujet, de consigner ici une idée que j'ai eu l'honneur de communiquer à un très-haut personnage, et qui serait d'attacher cette croix, insigne de l'ordre, à des rubans de diverses couleurs ou variés par des liserés, suivant que celui qui la porterait appartiendrait à l'armée de terre, à l'armée de mer, à la magistrature, aux administrations, aux sciences et lettres, au commerce et à l'industrie, ou à l'agriculture.

J'ai voulu tout d'abord dans cette introduction, montrer au lecteur le double but vers lequel je me propose de marcher, s'il ne m'est pas donné de l'atteindre, comme je le crains. On blâmera peut-être mon plan; on dira que ma deuxième partie aurait dû être la première. J'ai suivi le cours de mes idées, je m'y suis laissé aller. Suivant moi, ce qui importe avant tout, c'est d'offrir un guide aux laboureurs qui manquent d'instruction, qui font ce qu'ils ont vu faire à leurs pères, dont ils ont partagé les travaux, de leur faire aimer leur profession en la relevant et anoblissant à leurs propres yeux, en les persuadant qu'elle tient le premier rang parmi celles qu'exercent leurs semblables, parce qu'elle est incontestablement la plus utile. J'ai dû prendre les choses dans l'état où elles sont. Ma position est trop humble, sous tous les rapports, pour que je puisse espérer d'être écouté par le Gouvernement et nos hommes d'Etat. D'ailleurs, j'inscris au frontispice de mon livre, de ma modeste brochure, ce qu'il conviendrait de faire pour venir en aide à l'agriculture, et je renvoie seulement à la deuxième partie ce qui doit être, dans mon opinion, l'objet de dispositions législatives ou d'autres actes du pouvoir, dont la mission, la principale fonction, est de s'occuper activement et sans relâche, des moyens d'assurer le bien-être du peuple, et, par-dessus tout, de pourvoir à sa subsistance. Il faut que les classes laborieuses trouvent, dans le salaire ou le prix de leur travail, des ressources suffisantes pour se procurer les choses de première nécessité dans les plus mauvaises années et pour qu'elles puissent faire des économies dans les temps ordinaires.

Tous les hommes sages sont effrayés de la fièvre ardente et dévorante qu'allume l'agiotage dans tous les rangs de la société, agiotage qui reçoit chaque jour de nouveaux aliments et enlève à l'agriculture les capitaux dont elle aurait besoin pour prospérer. Il est très-urgent de tempérer la passion des gains qui s'obtiennent sans un travail productif, sans contribuer, en quoi que ce soit, au bonheur des autres membres de la grande association ou au soulagement de ceux qui souffrent, qui endurent des privations de toute sorte. Il faut ranimer, si cela est encore possible, le goût des occupations champêtres, qui sont toujours utiles, toujours profitables à tous, qui, en augmentant la valeur du sol, fortifient le corps de l'homme, épurent et adoucissent ses mœurs. Je me joins à tous les honnêtes gens pour appeler l'attention et la sollicitude du Gouvernement sur le grave sujet auquel je viens de toucher. Puisse ma faible voix parvenir jusqu'à l'Empereur, dont le cœur est rempli de sentiments si nobles et si généreux pour les populations qui, sans doute par une inspiration de la Providence, lui ont déféré le pouvoir suprême! Le prince qui a écrit de si belles pages sur l'extinction du paupérisme et qui voudrait fermer en partie, si l'on ne peut la cicatriser entièrement, cette plaie permanente du genre humain, fera, c'est la conviction générale, tout ce qui dépendra de lui pour refréner l'agiotage, cette autre plaie du monde civilisé, si alarmante par les proportions qu'elle a prises depuis quelques années. On se croit à la veille de crises financières qui affecteraient profondément le crédit public et bouleverseraient bien des fortunes particulières (1).

(1) Une loi récente sur les sociétés en commandite apportera, si elle est rigoureusement exécutée, un remède au mal que je signale, à l'agiotage.

PREMIÈRE PARTIE.

O fortunatos nimium sua si bona norint
Agricolas !
　　(Virg., *Géorg.*, livre II, vers 458 et 459.)

Heureux l'homme des champs, s'il connaît son bonheur !
　　(Traduction de l'abbé Delille.)

Beatus ille qui procul negotiis,
　Ut prisca gens mortalium,
Paterna rura bobus exercet suis.
　　(Horace, épode deuxième.)

Heureux qui de ses mains, comme nos premiers pères,
Cultive en paix ses champs et vit libre d'affaires !
　　(Traduction de M. Daru, 1819.)

PRÉAMBULE.

C'est à vous, hommes des champs, qui, par un labeur opiniâtre et de tous les jours, demandez à la terre ses plus utiles et ses plus riches productions; c'est à vous que je consacre plus spécialement la première partie de mon œuvre fort modeste, je le répète. J'ai passé mes plus jeunes années au milieu de vous, dans un état de complète égalité, et je vous ai conservé une sincère affection. Vous formez la classe saine et forte de la nation. Habitués aux privations, à supporter toutes les variations de la température, l'âpreté du froid, l'ardeur du soleil, la pluie, la grêle, les frimats, à braver la violence des tempêtes et des ouragans, vous devenez, quand les circonstances l'exigent, de robustes et indomptables défenseurs de la patrie en danger. Honneur à vous! et gloire au pays qui a de pareils soutiens pour le protéger contre les injustes agressions de ses ennemis!..... Combien de vous ont pris part aux grandes luttes que la France a soutenues contre l'Europe depuis 1791 jusqu'en 1815, à la conquête de l'Algérie, aux combats incessants livrés sur le territoire souvent brûlant, quelquefois glacial, de notre colonie africaine, et tout récemment à la guerre d'Orient, soit dans l'armée de terre, soit dans l'armée de mer, car vous êtes d'aussi infatigables et d'aussi audacieux marins que de solides et valeureux soldats; combien de vous enfin se trouvaient dans l'expédition de Crimée, au siége à jamais mémorable de Sébastopol, où vous avez, avec nos braves alliés, fait l'admiration de l'univers, par votre patience à endurer les privations de toute sorte et les maladies les plus diverses, par votre soumission à la discipline, par votre élan et votre vigueur dans l'attaque, votre énergie dans la défense. Vous ne vous êtes pas moins distingués les uns et les autres sur les flots si souvent courroucés de la mer Baltique et de la mer Noire, que sur leurs rivages; mais, il faut le dire aussi, vos généraux et officiers de tous grades vous ont donné constamment l'exemple de l'abnégation de la vie, du sentiment de l'honneur national porté au plus haut degré, et ont, les premiers, presque toujours, arrosé les champs de bataille de leur sang. Je suis heureux d'avoir ici l'occasion de vous offrir à tous, officiers, marins et soldats, l'hommage de ma profonde estime, de mon respect et de ma reconnaissance. J'ai frémi souvent à l'aspect des périls qui vous environnaient, qui vous assaillaient le jour et la nuit; mais j'ai tressailli de joie en apprenant vos succès et surtout la prise de Sébastopol, à laquelle nous avons dû une paix si glorieuse (1).

Quant à vous, habitants des campagnes, si j'ai fait l'éloge de vos bonnes et brillantes qualités, qu'il me soit permis, en véritable ami, de ne dissimuler aucune de vos imperfections. Je vous inviterai donc à plus de sobriété, à plus d'activité, à plus d'économie bien entendue, à beaucoup de loyauté dans vos rapports avec les autres membres de la société. C'est une grande erreur de croire qu'on ne peut traiter les affaires et conclure un marché sans boire, et ailleurs qu'au cabaret. Loin de s'échauffer la tête par des liqueurs spiritueuses, il est indispensable, pour bien apprécier les avantages ou les fâcheuses conséquences d'une transaction quelconque, d'une vente, d'un achat ou d'un bail, de conserver son sang-froid, le calme de sa raison et le plein usage de son jugement. Lorsque vous buvez avec excès, vous êtes incapables de bien dis-

---

(1) La guerre d'Orient, entreprise pour une cause juste et dans le but d'assurer le repos de l'Europe, renferme le sujet d'une magnifique épopée. L'action principale ne manque certes pas d'ampleur et les épisodes sont nombreux, terribles parfois, toujours palpitants d'intérêt. Le siége de Troie s'efface devant celui de Sébastopol. Les armées alliées ont eu leurs Achille, leurs Ulysse et leurs Ajax, et il y avait dans les rangs de leurs adversaires des Hector et une foule d'intrépides guerriers. Le merveilleux, dans la nouvelle Iliade que j'appelle de tous mes vœux, sortirait de la réalité même des faits, de leur narration poétique. Chaque chant pourrait être orné de belles gravures. Pourquoi ne se rencontrerait-il pas un Homère en France, en Angleterre ou en Italie, pour transmettre à la postérité les prodiges d'une guerre qu'on peut, sans exagération, qualifier de guerre de géants ? A l'œuvre donc, poètes, peintres et graveurs; il y a aussi pour vous des palmes à cueillir, et vos noms seront inscrits au temple de mémoire, avec ceux des héros dont vous aurez reproduit les hauts faits.

cerner vos intérêts et d'avoir une juste idée de la valeur des choses. Si vous portez l'abus des boissons jusqu'à l'ivresse, et cela est malheureusement trop fréquent, vous êtes entraînés à de mauvaises actions qui attirent sur vous la rigueur des lois, ou, ce qui n'est pas moins déplorable, vous jetez le désordre dans vos familles, vous perdez vos droits au respect de vos enfants, et les disposez, par de si funestes exemples, à vous imiter plus tard. Pour être un cultivateur digne de la considération et de l'estime publiques, il faut joindre à un travail actif et intelligent, une conduite régulière, des mœurs irréprochables. Une autre erreur bien répandue parmi nos populations rurales, c'est que la profession de laboureur ou d'agriculteur est au-dessous de tout homme qui a quelque instruction ne sût-il que lire et écrire. Cette profession, soyez-en bien convaincus, exige, au contraire, beaucoup de connaissances. En effet, si l'agriculture fut considérée autrefois comme un simple art, elle est devenue depuis longtemps, et surtout de nos jours, une science. C'est même une science fort compliquée, car elle a pour auxiliaires plusieurs autres sciences, parmi lesquelles je citerai la physique, l'astronomie, la chimie, la géologie, la botanique, la zoologie, etc., dont je ne vous parlerai plus. Il suffit que vous sachiez que votre profession est une des plus belles et des plus nobles, parce qu'elle est, sans contredit, la plus utile. Oui, l'agriculture est la première et la plus féconde des industries. C'est elle qui fournit à nos fabriques et à nos manufactures presque toutes les matières ou les produits qu'elles transforment de mille façons, pour donner satisfaction à nos besoins réels ou factices, c'est-à-dire à nos besoins naturels, comme à ceux que nous nous sommes créés et imposés. Elle élève, elle agrandit l'âme, le cœur et l'esprit de l'homme, en l'associant aux bienfaits de la Providence, dont il devient, en quelque sorte, le sous-agent. Soyez donc, cultivateurs et laboureurs, fiers de votre position; ne la faites pas abandonner par vos enfants, dans la vaine et fausse pensée de leur faire atteindre un ou plusieurs degrés de plus dans l'échelle sociale, et répétez avec les habiles traducteurs de Virgile et d'Horace et avec moi :

Heureux l'homme des champs, s'il connaît son bonheur !

Heureux qui de ses mains, comme nos premiers pères,
Cultive en paix ses champs et vit libre d'affaires !

TITRE PREMIER.

DE LA CULTURE DES TERRES.

L'agriculture a deux objets distincts, mais qui sont néanmoins étroitement liés entre eux : c'est la culture des terres et l'élevage des bestiaux. Je diviserai, en conséquence, ma première partie en deux titres. Le premier comprendra la culture des terres, à laquelle je rattacherai tout ce qui concerne la division des fermes et exploitations en parcelles ou champs, les clôtures, les pépinières, les plantations, l'assainissement des terres par le drainage, les irrigations, etc. Le second titre sera consacré à l'élevage du bétail.

CHAPITRE Ier.

NOTIONS PRÉLIMINAIRES.

Il est, en agriculture, un principe ou précepte fondamental qu'on ne saurait trop proclamer, et qu'on doit placer, par cela même, en tête de tout ouvrage dans lequel on se propose de donner quelques enseignements sur cette industrie; car j'envisage l'agriculture plutôt comme industrie que comme science. Voici ce principe ou précepte bien connu, mais jusqu'ici peu pratiqué par ceux pour lesquels j'écris :

Obtenir la plus grande quantité possible de fourrages, afin de nourrir beaucoup de bestiaux et d'avoir beaucoup de fumier.

Ce qui est encore essentiel, c'est de se fixer sur la nature du sol que l'on cultive, pour ne lui demander que les productions auxquelles il convient le mieux, et pour lui appliquer les engrais et amendements qui peuvent le plus contribuer à le fertiliser ou à le maintenir dans son état de fertilité originelle ou primitive.

Il me serait impossible de faire connaître les principes constitutifs de chaque sol, de chaque espèce de terre; je déclare bien franchement mon insuffisance à cet égard. Si j'avais l'instruction nécessaire pour en présenter une analyse exacte, scientifique, les cultivateurs, moins éclairés que moi, ne me comprendraient pas et je ne leur aurais rien appris, je ne leur aurais rendu aucun service. Je me bornerai donc à dire que les terres se divisent en terres fortes, plus ou moins argileuses, et en **terres légères**.

Les terres fortes et argileuses diffèrent entre elles. Il y a de l'argile jaune, vulgairement appelée *terre franche*, qu'on emploie pour les constructions en pisé (connu dans quelques localités sous le nom de *mardrai*, mot que la langue française n'admet pas). Cette argile jaune est la meilleure espèce, celle qu'on rend meuble le plus facilement. Il y a de l'argile rouge de diverses nuances; il y en a de blanche; il y en a aussi de bleuâtre ou tirant sur le bleu. L'argile rouge donne de bons produits en céréales. La blanche se travaille difficilement. Peu propre à la culture des céréales, elle produit de bons herbages et particulièrement le petit trèfle blanc. L'argile bleuâtre est la pire de toutes. Comme la blanche, elle se délaie ou se détrempe promptement lorsqu'il pleut, forme une pâte liquide qui s'étend et qui, aux premiers rayons du soleil, se convertit en une croûte fort dure, que les herbes et plantes de toute espèce percent avec peine, qu'elles ne parviennent pas même quelquefois à percer. Pour améliorer les argiles, pour les transformer en terres arables, et plus spécialement la blanche et la bleuâtre, il faut recourir au sable ordinaire, au sable de mer plus sûrement et plus avantageusement, aux sablons calcaires, même à la vase de mer, à celle qui renferme le plus de sable. Le varech ou goëmon peut aussi leur donner de la souplesse et les fertiliser. Les fumiers peu pourris et chauds produiront encore sur ces argiles un bon effet. Les argiles jaunes ou rouges et toutes les terres humides, froides, compactes et profondes, doivent être traitées de la même manière.

Les terres légères sont de plusieurs espèces; il y a des terres sablonneuses, et d'autres qui sont très-friables, mais sans mélange de sable. Les premières, quand le sable n'y est pas trop abondant, sont dans les meilleures conditions pour la production. Les autres terres légères, non mélangées de sable, de petites pierres ou de petits cailloux, qui sont très-friables, également sensibles aux glaces et aux chaleurs, et que vous désignez sous les noms de *terres fades*, de *terres venteuses*, expressions qui les caractérisent bien, sont de qualité inférieure, mais il y a entre elles des degrés. Les engrais qui conviennent le mieux à toutes les terres légères sont les fumiers bien consommés, bien pourris, les terreaux combinés ou non avec les fumiers, les vases de mer, et mieux encore celles de rivières où monte la mer, et qui ne sont pas trop chargées de sable ou qui en contiennent peu. On peut aussi employer, pour ces terres, le noir animal, les noirs animalisés, le guano, la poudrette même, en ayant soin d'en modérer la dose. Il en est de même des cendres; celles de lessive sont très-bonnes pour les terres friables sans mélange de sable.

Les terres crayeuses et schisteuses tiennent le milieu entre les terres fortes, argileuses, compactes, et les terres légères, pierreuses, sablonneuses ou friables, *fades* et *venteuses*.

Il faut, de préférence, confier aux terres pierreuses, sablonneuses, crayeuses ou schisteuses, la semence des plantes précoces, celles qui parviennent le plus promptement à la maturité, ce qui n'est pas sans exception, car les graines de certaines plantes grasses qui ont besoin de chaleur et qui empruntent des principes nutritifs à l'air, à l'atmosphère, ne sont mises en terre que tardivement, à une époque avancée de l'année. Ainsi le sarrasin, qui est semé fin de mai et dans tout le cours du mois de juin, suivant les modifications de la température et la nature du sol, croît et arrive à sa maturité dans l'espace de trois ou quatre mois au plus.

Il y a des terrains qui, par leur situation et par leur constitution, sont plus aptes à produire des herbages que des céréales. C'est au cultivateur intelligent de les utiliser et d'en tirer le meilleur parti, en développant leurs facultés et leurs dispositions naturelles.

Nos voisins les Anglais ont prouvé, dans ces derniers temps, que les gras pâturages, les fourrages abondants peuvent être une source de revenus supérieurs à ceux qu'on obtiendrait de la culture des céréales. Aujourd'hui, l'élevage et l'engraissement des bestiaux assurent, et assureront pendant longtemps, de grands profits aux cultivateurs qui s'y livreront.

Je ne dirai rien, ici du moins, des époques où doivent se faire les ensemencements des céréales et autres plantes cultivées, époques qui varient selon les localités et la nature du sol, qui sont indiquées partout et que l'usage fait connaître. Je ferai seulement observer que si la terre n'est ni trop humide, ni trop sèche, on peut et on doit même répandre moins de semence qu'on ne le ferait dans une terre fortement imprégnée d'eau ou fort aride. En général, les cultivateurs bretons prodiguent la semence, parce qu'ils espèrent que la plante cultivée étouffera les mauvaises herbes. C'est là un détestable procédé, qui n'atteint pas le but proposé. C'est par d'autres moyens que l'on doit nettoyer ses terres et les purger des herbes ou plantes nuisibles, nommées quelquefois, mais improprement, plantes *parasites*.

L'emploi des engrais exige une grande attention. Il est difficile de le soumettre à des règles certaines et absolues. L'excès peut être, est même presque toujours aussi préjudiciable que la *parcimonie*. La quantité doit varier nécessairement. Un cultivateur qui a un peu d'expérience prend en considération, d'abord, la qualité ou la puissance de l'engrais, puis l'état de la terre, la nature de la céréale ou des autres plantes dont la production est l'objet de ses soins et de ses vœux. Je reviendrai sur ce sujet en parlant des engrais et amendements.

Pour terminer ce chapitre, une dernière observation qui est aussi un précepte : Il faut n'oublier jamais qu'un hectare de terre bien labouré, bien purifié des herbes nuisibles et convenablement fumé, produit deux ou trois fois plus qu'un hectare dont la culture aura été négligée, ou qui n'aura pas été, sous tous les rapports, traité comme l'autre. Ainsi, dans le premier cas, la récolte sera plus abondante, et, tout à la fois, on aura fait une grande économie de semence, de temps, de travail et de frais. Le précepte que je viens de poser est applicable à toutes les professions, à toutes les industries; il se résume en quelques mots : Il vaut mieux faire moins et faire bien que de faire beaucoup et de mal faire.

CHAPITRE II.

DES PRAIRIES NATURELLES, DES PRAIRIES ARTIFICIELLES ET DU FOIN.

Ce sont les prairies naturelles et les prairies artificielles qui procurent les fourrages que l'on fait consommer en vert, tels qu'ils sont lorsqu'on les détache du sol, ou après les avoir fait dessécher à l'air et au soleil, ou convertis en foin. Puisque les fourrages sont le plus puissant élément de la prospérité de l'industrie agricole, ainsi que je l'ai déjà énoncé, on doit apporter tous ses soins à maintenir les prairies naturelles dans un bon état de production, et de même à créer des prairies artificielles.

SECTION Ire.

DES PRAIRIES NATURELLES.

Les prairies naturelles sont beaucoup trop négligées dans les départements de la Bretagne. La plupart des petits propriétaires et des fermiers se contentent du produit spontané de ces prairies, lorsqu'ils pourraient obtenir un produit deux ou même trois fois plus considérable, s'ils y répandaient, de quatre en quatre ans seulement, des fumiers, des terreaux, des cendres vives ou des cendres de lessive, du guano, et mieux encore des engrais à l'état liquide, provenant de matières fécales, du jus ou purin des fumiers. Ce dernier procédé, fort usité en Angleterre et dans le nord de la France, même pour les terres arables, est à peine connu dans nos contrées. Je reviendrai sur ce moyen de fertilisation des prairies naturelles dans le chapitre où je m'occuperai des engrais et amendements. Ce qui n'est pas moins important, c'est, quand elles sont trop humides, d'écouler les eaux à l'aide de rigoles à ciel ouvert, ou de rigoles souterraines sagement combinées et dirigées. Les dernières, pratiquées suivant un mode tout particulier, constituent ce qu'on nomme aujourd'hui drainage, sur lequel j'appellerai votre attention plus tard, et qui peut être opéré avec divers matériaux, du bois, des pierres ou avec des tuyaux en terre cuite. Les irrigations contribuent aussi à rendre les prairies naturelles plus productives. En hiver, on y conduit, autant qu'il est possible, les eaux grasses provenant des cours des fermes et villages ou des chemins; en été, si on veut uniquement leur communiquer de la fraîcheur, on peut recourir aux eaux de sources, des rivières et des ruisseaux, ainsi qu'aux eaux pluviales, surtout à celles que les orages versent sur le sol avec tant d'abondance. Les engrais à l'état liquide sont aussi, en ce genre, d'une grande ressource pour combattre l'effet des sécheresses prolongées. Un cultivateur soigneux doit veiller à ce que les mauvaises plantes ou herbes, celles qui ne sont pas propres à la nutrition des bestiaux ou qui peuvent même nuire à leur santé, n'envahissent pas ses prairies naturelles. Ces plantes et herbes sont bien connues, parce que le bétail, guidé par son instinct, les repousse et les laisse à l'écart. Mais lorsqu'elles se confondent avec les bonnes herbes, l'avidité des bestiaux peut les entraîner à en manger. Il faut donc extraire ces plantes inutiles ou nuisibles, et pour cette opération, ce sarclage, on peut se servir d'une bêche à lame, large de quinze à vingt et longue de vingt-cinq à trente centimètres, bien tranchante à son extrémité et tranchante aussi dans toute sa hauteur du côté gauche, taillée en biseau ou de forme oblique du haut en bas. Avec cet instrument, on coupe, sans détruire le gazon, les racines des mauvaises plantes, à douze ou quatorze centimètres de profondeur.

Si les prairies sont très-humides, et ne le fussent-elles même que médiocrement, il faut en interdire l'entrée aux bestiaux dès le 15 novembre. Si on les y introduit plus tard, leurs pieds s'enfoncent dans le sol, y forment des cavités où l'eau séjourne et où, par suite, croissent des herbes et plantes aquatiques de mauvaise qualité, telles que les anémones de marais, le jonc, etc.

SECTION II.

DES PRAIRIES ARTIFICIELLES.

Rien n'est plus facile que de créer des prairies artificielles. Il y a une foule de plantes fourragères, il ne s'agit donc que de faire choix de celles auxquelles le sol que l'on cultive est le plus approprié. Le grand trèfle rouge, connu dans nos campagnes sous le nom de *trémaine* (1), réussit presque partout, et tient le premier rang parmi ces plantes par la qualité et l'abondance de ses produits. Il donne, dans les années grasses, humides, jusqu'à trois coupes. Tous les bestiaux le mangent avec plaisir et avec avidité. Il est même dangereux sous ce dernier rapport, si on n'a pas soin de le leur donner par faible ration. Le trèfle du Roussillon, ou trèfle incarnat, a l'avantage d'être précoce, et après la seule coupe qu'on en obtient, on peut ensemencer le terrain qu'il occupait, en sarrasin, en navets ou y planter des betteraves. Ce trèfle, qu'on avait adopté avec empressement, est aujourd'hui trop délaissé. On a cru que les sucs contenus dans sa fleur communiquaient aux abeilles une maladie semblable à la dyssenterie et les faisaient périr.

Je n'ai pas la prétention de présenter une nomenclature complète de toutes les plantes fourragères. Je citerai

---

(1) Ce nom est bien certainement un composé des deux mots latins *tres manus*. En effet, les trois feuilles du grand trèfle rouge, attachées à l'extrémité d'un long pétiole, représentent trois mains ou palmes (Voir le *Dictionnaire latin-français* de Noël, aux mots *manus* et *palma*).

seulement après le grand trèfle rouge et le trèfle incarnat, la luzerne, le sainfoin, le ray-grass d'Angleterre ou d'Italie, les gesses, les vesces, la lupuline, le farouch, la chicorée sauvage, la pimprenelle, la spergule, le petit trèfle à fleurs blanches, jaunes ou rouges, le maïs nain, le seigle, l'avoine, etc. Tous les engrais calcaires, les vases de mer, les sablons, les cendres vives ou de lessive, sont employés avec beaucoup de succès pour les trèfles, la luzerne et les vesces. Les mélanges de quelques plantes fourragères donnent de très-bons résultats. On peut semer, dans la proportion du quart au tiers, le ray-grass d'Angleterre ou d'Italie, et ce dernier par préférence, avec le grand trèfle rouge ou avec la luzerne; l'avoine ou le seigle avec la vesce d'automne ou l'avoine seulement avec la vesce de printemps, et le grand trèfle rouge avec la luzerne. Le pois des vesces, après avoir été concassé sous des meules, peut être donné aux chevaux et remplacer l'avoine ou l'orge; entier, ce pois est un fort bon aliment pour les porcs, pour achever de les engraisser. Les vesces croissent dans toutes les terres, dans les terres fortes comme dans les terres légères. Leurs racines pivotantes ameublissent les premières, et les feuilles dont elles se dépouillent sont un engrais pour les unes et les autres. Ce fourrage, très-succulent et très-nourrissant, n'est pas aussi cultivé qu'il mérite de l'être. Il nettoie le sol et le prépare, mieux peut-être que le grand trèfle rouge, pour être ensemencé en froment avec une demi-fumure. Celui qui n'a pas de prairies artificielles, c'est qu'il n'en veut pas avoir. On doit éviter de donner aux bestiaux, du moins en grande quantité, les fourrages verts, quand ils sont mouillés par la pluie ou même par la rosée. Si on est forcé de leur en présenter en cet état, il est prudent de jeter un peu de sel dans l'eau dont on les abreuve ou sur le fourrage lui-même.

On peut ajouter à toutes les plantes que j'ai indiquées, celles à racines bulbeuses, tuberculeuses ou en navet, les choux de diverses espèces et plus particulièrement le chou branchu et le chou géant. Les carottes, les panais, les navets, le topinambour (1), la pomme de terre, les betteraves, sont d'excellents fourrages d'hiver, pour toutes les races de bétail.

Enfin, il est une autre espèce de fourrage bien précieux et qu'on peut avoir en toute terre, c'est l'ajonc; mais, je le constate avec plaisir, ce fourrage qui donne de l'énergie aux chevaux, en même temps qu'il les rafraîchit et les maintient en bonne santé, et qui convient aussi aux animaux de l'espèce bovine, est estimé dans nos campagnes, où il est généralement employé, sans l'être encore autant qu'il est à désirer qu'il le soit. Je ferai observer qu'en semant ce fourrage dans les mauvaises terres, on lui fait perdre beaucoup de ses qualités.

Je ne veux pas clore cette section, que j'ai trop abrégée, sans recommander, aux cultivateurs bretons, les citrouilles et les courges, qu'ils connaissent à peine, et qui fournissent une grande masse de produits très-propres à l'alimentation des porcs, des moutons et même des bœufs et des vaches. Les bonnes espèces de citrouille peuvent aussi entrer dans la nourriture de l'homme, car on en fait une purée fort délicate et fort agréable au goût, quand on l'assaisonne de sel et de poivre et qu'on y mêle du lait.

---

(1) Le topinambour est une plante trop peu cultivée, ainsi que l'a fait remarquer l'habile professeur de chimie à la Faculté des sciences de Rennes. (Voir ses leçons de chimie agricole de 1854 ou 1855.)

En y ajoutant un peu de pain, on a un excellent potage, qui, dans les années de pénurie, pourrait faire un repas. La culture des citrouilles et courges n'exige ni beaucoup de travail ni de grands soins. En effet, il suffit de pratiquer une excavation de trente-trois centimètres carrés de largeur et de trente-cinq à quarante centimètres de profondeur. On place au fond, fin mai ou commencement de juin, une couche de terre meuble que l'on couvre de terreau, de fumier bien gras et néanmoins un peu chaud, de poudrette, de noir animal ou de guano; on jette sur le tout une petite quantité de vieille terre, dans laquelle on dépose deux ou trois graines de citrouilles ou de courges. On abrite, surtout pendant la nuit, ce semis avec des ardoises placées de tous les côtés, sur lesquelles on en pose une ou deux autres, jusqu'à ce que les jeunes plantes aient pris de la force et que la température soit devenue plus douce. Il est tout-à-fait indispensable de garantir la plante contre les gelées qui la feraient périr.

SECTION III.

DU FOIN.

Il faut pourvoir à la nourriture du bétail en hiver, et c'est pour cela que l'on convertit en foin une partie des fourrages susceptibles d'être ainsi transformés.

Les herbes des prairies naturelles ne peuvent être trop fanées au soleil, afin de les bien sécher et en même temps de les dégager de la terre qui s'y serait attachée. En rompant les *ondains*, c'est-à-dire lorsqu'on étend la première fois les herbes sur le pré, il est bon de les rapprocher et d'en former des zones ou rayons que les habitants de nos campagnes nomment *bauches*, et, chaque soir, de ne pas laisser sur le sol des herbes éparses, parce que la rosée leur enlève leurs qualités ou propriétés nutritives. Il faut donc les serrer ou ramasser soigneusement avec le rateau ordinaire ou le rateau mécanique, et les déposer sur les petites meules que l'on forme après le premier jour de fanage, opération qui se renouvelle tous les soirs avant le coucher du soleil. Cela doit être pratiqué pour toutes les herbes communes ou de la classe des graminées, celles qui le plus ordinairement croissent naturellement dans nos prairies et dans nos *friches*.

Un soin que nos cultivateurs négligent trop souvent, c'est de bien saisir le moment où la fauche des herbes doit être faite. La règle est qu'il faut les couper lorsqu'elles entrent en fleur; mais l'observation ou l'application de cette règle présente des difficultés, parce que les herbes de nos prairies naturelles sont diverses. La floraison des unes et des autres n'ayant pas lieu précisément à la même époque et s'opérant, au contraire, successivement, le cultivateur même attentif et vigilant éprouve de l'embarras, de l'hésitation. Pour sortir de cette position que les variations de la température compliquent encore dans certaines années, on doit s'attacher à faire la coupe lorsque les espèces les meilleures et les plus nombreuses sont parvenues à la floraison. Il y a des terrains froids où le développement des herbes est plus lent, et, par suite, il y a nécessité de retarder la fauche.

Je passe au foin des prairies artificielles. Les plantes qui les composent étant presque toujours d'une seule espèce, on a toute facilité pour bien connaître le moment où elles doivent être abattues; car, pour elles, la règle est la même que pour les herbes des prairies naturelles;

c'est aussi lorsque la floraison se fait qu'il convient de les faucher.

Les trèfles, les luzernes, le sainfoin, et, en général, tous les fourrages qui consistent principalement dans les feuilles de la plante qu'on veut convertir en foin, demandent à être traités tout autrement que les herbes des prairies naturelles.

Après avoir laissé les plantes fourragères cultivées, trèfles, luzernes, sainfoin, etc., en *ondains* pendant un ou deux jours, on les retourne seulement, et sans les agiter avec la fourche. Le soir du jour où on les a ainsi retournés, toujours avant le coucher du soleil, on les met en petits tas sans les presser ni les battre avec la fourche, afin que l'air puisse circuler entre les couches dont chaque petit tas est formé. Le lendemain, ou au premier jour de beau temps, on étend, avec précaution encore, sans l'agiter sur la fourche, le foin dont la dessication est déjà avancée, et le soir, de bonne heure, on le remet en meules d'un volume beaucoup plus fort que celui des tas de la veille. Si on trouve le foin suffisamment sec, on peut, le lendemain, l'enlever le soir pour le loger dans les greniers ou en faire de forts amas ou de fortes meules en plein air. Dans le cas où on croirait qu'après avoir été tourné et retourné pendant deux jours, il ne serait pas encore assez desséché, on renouvellerait la même opération un troisième jour.

Quand on serre le foin des prairies artificielles dans les greniers, il est convenable de le mélanger par couches avec le foin des prairies naturelles. Toutefois, ce mélange se fera difficilement, attendu que le foin des prairies artificielles est coupé, le plus ordinairement, avant l'autre; mais, dans cette hypothèse, on peut établir une forte couche du premier de ces foins sur toute l'étendue des greniers, couche sur laquelle on place plus tard le foin des prairies naturelles, qui s'améliore en recevant les émanations des plantes fourragères cultivées. Le foin de luzerne, de trèfle, de sainfoin, etc., ayant plus de force et plus de parfum que le foin de graminées, communique de la saveur à celui-ci que les bestiaux mangent avec plus d'appétit.

Je ne dirai rien sur le degré de dessèchement ou de dessication des herbes ou plantes que l'on convertit en foin. L'usage apprend cela; mais il est prudent, avant de le loger ou même de le mettre dehors en grosses meules, de le laisser pendant quelque temps en tas sur le pré pour y ressuer. On sait que le foin trop vert ou humide fermente et qu'il peut, dans de certaines conditions, s'enflammer.

CHAPITRE III.

DES DIVERS MODES DE PURGER LES TERRES DES MAUVAISES HERBES ET PLANTES NUISIBLES QUI LES INFESTENT, OU DE LES RÉGÉNÉRER EN LEUR COMMUNIQUANT DE NOUVEAUX ÉLÉMENTS DE FERTILITÉ, LORSQU'ELLES SONT FATIGUÉES, ET, POUR AINSI DIRE, ÉPUISÉES PAR UN GRAND NOMBRE DE PRODUITS SUCCESSIFS.

SECTION Ire.

MODES DE PURGER LES TERRES DES HERBES ET PLANTES NUISIBLES, DITES PARASITES.

Autrefois, on pourrait dire naguère, en Bretagne, et cela se pratique même encore dans quelques cantons des départements de cette ancienne province, quand les terres étaient ou paraissaient fatiguées, lassées, pour me servir du langage de nos paysans, par une culture de plusieurs années, et lorsque l'on n'avait pas des engrais suffisants pour les *restaurer*, on recourait à un moyen emprunté à la nature et aux habitudes de l'homme et des autres êtres animés, au repos, au *séjour*. Ma terre est lassée, disait le cultivateur, il faut la laisser reposer. On cessait donc de lui demander les productions qu'on en obtient par le labourage. Abandonnées à elle-même, les plantes nuisibles, le chiendent particulièrement, qui aime la terre meuble, où ses racines tracent et se répandent facilement, disparaissaient; elles étaient étouffées par les graminées. En cet état de repos ou de séjour, on n'avait d'autre produit, d'autre profit que le pacage, des genêts, des ajoncs, etc.; mais, après un laps de trois années au moins, la terre, nettoyée des plantes les plus nuisibles, et, en quelque sorte, régénérée, dédommageait de son chômage par des récoltes plus abondantes. Cet usage, ainsi que je l'ai déjà fait observer, n'est pas entièrement proscrit, et je n'oserais le condamner d'une manière absolue, dût-on m'accuser de rester moi-même dans l'ornière de la routine tant reprochée à nos laboureurs-paysans, que je désire cependant instruire et guider dans l'exploitation de leurs petites propriétés ou de leurs fermes. Il y aurait là-dessus bien des choses à dire, bien des explications à produire, et, pour abréger, je m'en abstiendrai.

Le système du repos ou du séjour n'est autre que celui de la jachère prolongée (1). Aujourd'hui qu'on se procure plus facilement des engrais, on emploie d'autres procédés pour extirper les mauvaises herbes qui, dans les départements de la Bretagne où le sol est généralement humide, croissent et multiplient d'une façon prodigieuse. Les guérets blancs ou guérets d'été, préconisés par Virgile dans les *Géorgiques,* sont encore pratiqués dans quelques localités. C'est la jachère proprement dite. On laboure la terre à l'automne, en hiver ou au printemps; on la hache avec la houe, ou on la retourne avec la charrue; on la herse plusieurs fois pendant les chaleurs de l'été, afin de faire périr toutes les herbes, de quelque nature qu'elles soient. Après avoir subi l'influence du froid, de la glace, des pluies et de l'ardeur du soleil, et qu'elle a été bien purgée des mauvaises herbes, on l'ensemence en froment, à

---

(1) Le mot jachère vient évidemment du verbe latin *jacere,* qui signifie reposer.

l'automne suivant. On perd ainsi une année en apparence, et même en réalité; mais l'excédant de produits, qui est la conséquence de ces travaux, répare la perte et la répare le plus souvent avec usure. C'est un usage presque général dans toutes les contrées de la Bretagne où on ne cultive pas le sarrasin. Voici quels sont les procédés actuels pour arriver au même but, sans intermittence dans la production : On règle, on dispose les assolements de manière à faire succéder aux plantes à racines pivotantes, les plantes à racines fibreuses, et réciproquement, c'està-dire les céréales aux trèfles, à la luzerne, aux vesces ou aux plantes sarclées, telles que betteraves, pommes de terre, etc., et, par cette rotation, il n'y a point de lacune dans les produits; quelquefois même, on obtient plusieurs récoltes dans le cours d'une année. D'un autre côté, les terres se maintiennent dans un état de propreté, dégagées des herbes ou plantes nuisibles. Il en résulte un autre avantage, c'est qu'après les trèfles, la luzerne, les vesces et les plantes sarclées, on peut ensemencer les céréales avec une demi-fumure, ainsi que je l'ai dit dans le chapitre précédent.

La culture du sarrasin, qui a beaucoup de détracteurs, en donnant de bons produits alimentaires, nettoie aussi les terres, quand elle est faite avec soin, et les dispose très-bien à recevoir un ensemencement en froment, en seigle ou en méteil.

Un dernier moyen de purger la terre des herbes et plantes nuisibles, parasites si l'on veut, c'est le sarclage à la main ou opéré avec des instruments nouvellement inventés. Le sarclage à la main étant fort dispendieux, on doit faire tous ses efforts pour s'en dispenser, ou le rendre inutile.

SECTION II.

COMMENT ON PEUT RÉGÉNÉRER UNE TERRE OU LUI COMMUNIQUER DE NOUVEAUX ÉLÉMENTS DE FERTILITÉ, LORSQU'ELLE EST FATIGUÉE, ET, POUR AINSI DIRE, ÉPUISÉE PAR UNE LONGUE SÉRIE DE PRODUCTIONS.

Dans les départements de la Bretagne, où les fermes et exploitations sont divisées en parcelles ou champs, séparés par des talus en pierres ou en terre, et souvent en pierres et en terre tout à la fois, on peut et on doit même périodiquement labourer et *hacher* avec la houe les lisières, mettre en tas la terre en provenant pour la faire consommer, la porter et l'étendre deux ou trois mois après cette opération sur ce même champ. Cette terre neuve, qui a reçu les engrais entraînés par les pluies, les déjections des bestiaux qu'on y a fait paître, et enfin les détritus des végétaux de toute espèce, donne une nouvelle vigueur à celle que des produits répétés ont fatiguée.

Il est une autre opération, plus coûteuse à la vérité, mais beaucoup plus efficace que la première, c'est le *défoncement* par lequel on amène à la surface, le sous-sol que n'atteint pas la charrue dans les labours ordinaires. Il est pratiqué avec succès dans quelques communes de l'arrondissement de Saint-Brieuc, et plus particulièrement dans les environs de Lamballe. On peut en évaluer la dépense de 50 à 60 fr. par hectare. On y procède de la manière suivante : On fait d'abord défoncer à la bêche, au milieu du champ, une *bande* ou zone de terre de 60 à 80 centimètres de largeur ; puis la charrue, dont une roue a 25 ou 30 centimètres de diamètre de plus que l'autre, enlève les billons de chaque côté de cette bande ou zone, et des hommes répartis aussi de chaque côté, à des distances égales, défoncent avec la bêche et jettent la terre extraite de la raie sur les billons. Tout ce travail peut se faire au moyen de deux charrues, pourvu que celle qui défonce ait un déversoir plus fort, plus élevé que celui de la première, dont la fonction est d'enlever la couche supérieure du sol. Depuis peu de temps, on a inventé des machines, à l'aide desquelles se pratiquent les défoncements, et qui, à cause de leur usage, ont reçu les noms de *défonceuses* ou de *fouilleuses*. Je ne puis rien dire de ces machines, que je n'ai pas vu fonctionner.

Les deux modes que je viens d'indiquer pour régénérer les terres fatiguées par des cultures répétées, ont, en outre, l'avantage, lorsque ces terres sont trop humides, de faciliter l'écoulement des eaux et le défoncement, en les rendant plus perméables. Cette dernière opération, celle du défoncement, doit être aussi employée pour assurer le succès du défrichement des landes, parce qu'elle a pour effet de mélanger, de *marier*, s'il m'est permis de m'exprimer ainsi, le sous-sol avec la croûte ou couche supérieure, dont on ne peut obtenir, quand on se borne à la labourer seule, que trois ou quatre bonnes récoltes au plus. J'aurai donc l'occasion de m'étendre plus longuement sur les bons résultats des défoncements, dans la partie de cet ouvrage, où, après bien d'autres, j'appellerai l'attention du Gouvernement sur l'énorme augmentation des produits agricoles que l'on peut, que l'on doit attendre du défrichement convenablement exécuté de la plupart des landes des départements de la Bretagne, où on en rencontre presque partout, et dans quelques lieux, des étendues immenses, qui font oublier au voyageur, attristé d'un pareil spectacle, qu'il est dans le pays le plus civilisé du monde connu.

CHAPITRE IV.

DIVISION DES FERMES EN DIVERSES PARCELLES CLOSES PAR DES TALUS PLANTÉS D'ARBRES FORESTIERS ET GARNIS DE BOIS PIQUANTS ET AUTRES. — PLANTATION DES POMMIERS ET POIRIERS SUR LES TERRES ARABLES. — INCONVÉNIENTS ET AVANTAGES DE CES DEUX USAGES, PLUS PARTICULIERS AUX DÉPARTEMENTS DE LA BRETAGNE. — DE LA FABRICATION DU CIDRE DE POMMES OU DE POIRES.

SECTION Ire.

DIVISION DES FERMES EN PIÈCES CLOSES PAR DES TALUS PLANTÉS D'ARBRES FORESTIERS ET GARNIS DE BUISSONS.

J'approuve la division des terres d'une ferme ou d'une exploitation rurale en divers champs clos par des talus, mais je blâme cette division quand elle est portée à l'excès. Les plus petites pièces de terre ne devraient pas être au-dessous d'un hectare. Il faudrait aussi que les arbres forestiers, plantés sur les talus, fussent convenablement espacés, qu'on n'élevât à toute la hauteur que comporte leur nature ou leur essence, que ceux qui ont de l'avenir, c'est-à-dire qui ont une belle *venue* et promettent de donner des billes ou tiges de fortes dimensions. Les autres seraient arrêtés à trois, quatre, cinq ou même six mètres au-dessus du sol, et seraient destinés à produire des émondes. Autant que possible, on alternerait régulièrement les uns et les autres. Entre les arbres à très-haute tige réservés pour les constructions maritimes ou terrestres, et ceux à tige réduite fournissant des émondes, on continuerait de garnir les talus d'arbustes piquants et autres qu'on emploie au chauffage des fours à pain ou à chaux, et aux besoins ordinaires du ménage des laboureurs, petits propriétaires ou fermiers. Si les arbres et buissons croissant sur les talus nuisent aux récoltes de céréales, d'un autre côté, ils forment des abris qui ne sont pas sans utilité, et la valeur de ces arbres et buissons, le parti qu'on en tire, compensent assurément la perte éprouvée annuellement sur les céréales et les plantes cultivées de toute espèce. La division et la clôture des champs permettent aussi d'y introduire les bestiaux, pour leur faire paître les herbes qui y croissent, surtout dans les terres humides, malgré les soins que l'on prend pour en purger le sol. Le pacage de ces herbes procure du lait et du beurre d'une qualité supérieure à ceux qu'on obtient par la nourriture, quelle qu'elle soit, donnée aux vaches retenues dans les étables. Je suis du nombre de ceux qui pensent que pour entretenir en bonne santé les bestiaux, et surtout les jeunes élèves, il est nécessaire de leur faire respirer le grand air et de leur faire faire de l'*exercice*, de les abandonner un peu à eux-mêmes, libres de tous liens et de toutes entraves. Grâce à nos talus couverts d'arbres et d'arbustes, nous sommes, en Bretagne, riches de bois propres aux constructions et au chauffage, tandis qu'on en manque dans les pays de plaines. Maintenons donc, à cet égard, nos usages, en les renfermant dans de justes bornes, en évitant de trop morceler nos exploitations ou fermes. Au surplus, j'aime et presque tout le monde aime les ceintures de buissons et d'arbres des pièces de terres de la Bretagne et de la Basse-Normandie, qui, indépendamment de leur utilité, sont, pour la campagne, un ornement plein de charmes dans la belle saison.

SECTION II.

PLANTATION DES POMMIERS ET POIRIERS SUR LES TERRES ARABLES
ET DE LEURS PRODUITS.

Doit-on planter les pommiers en vergers ou bien est-il préférable de les planter en lignes ou rangs sur les terres arables? Je ne balance pas à me prononcer pour le dernier de ces deux modes, pratiqué dans presque tous les départements de la Bretagne. Planter en vergers, c'est planter à terre perdue. On en convient; mais les partisans de ce système disent pour le justifier : il croît encore de l'herbe sous les pommiers, et d'ailleurs, c'est une seule pièce de terre sacrifiée à la production des pommes, tandis que la plantation sur toute la superficie des terres labourables diminue beaucoup les produits en céréales et autres plantes cultivées, employées à l'alimentation des hommes et des animaux, ou à satisfaire divers autres besoins. La dernière partie de l'objection, la seule à laquelle je m'attache, est plus spécieuse qu'elle n'est fondée. Elle a de la force, lorsqu'on n'espace pas suffisamment les rangs et les pieds des pommiers, mais elle n'en a presque plus si on laisse entr'eux des intervalles sagement calculés. Ces intervalles doivent être, suivant moi, entre les rangs, de cinquante à soixante mètres, et entre les pieds, de vingt-cinq à trente mètres. Je ferai, au reste, remarquer que les racines des pommiers ne sont pas épuisantes, comme celles de la plupart des autres arbres ; que les pommiers plantés sur les terres arables produisent, par cela même, plus régulièrement et en plus grande quantité que ceux qui sont plantés en vergers. Il est une troisième méthode que je ne puis admettre, c'est de planter les pommiers en ceinture ou autour des champs. Il y a une bonne et forte raison pour ne pas l'adopter dans les départements de la Bretagne, c'est parce que l'on aurait une double ligne d'arbres forestiers et d'arbres fruitiers, qui projetteraient un ombrage funeste aux plantes cultivées, céréales ou autres. Un second inconvénient de la même méthode serait que les vents, refoulés par l'obstacle qu'opposent les arbres plantés sur les talus, retomberaient en rafales sur les pommiers, lors de la floraison, et causeraient le plus grand dommage à la fructification. Je terminerai cette section en invitant nos cultivateurs à planter un champ ou au moins un rang entier en pommiers de même qualité, à faire choix des meilleures espèces, de celles qui conviennent le plus à la nature de leur sol et qui fleurissent à des époques différentes, afin de se donner plus de chances d'avoir du fruit chaque année. Il y a, en effet, des pommiers, ceux à fruit aigre plus généralement, qui fleurissent fin d'avril; le plus grand nombre fleurit en mai et quelques-uns fleurissent en juin. Les espèces douces l'emportent en bonté sur toutes les autres, puis viennent celles qui participent du doux et de l'amer, comme les *fléquins*. Les pommiers à fruit tout-à-fait amer ou à fruit aigre sont d'une qualité inférieure. Les pommes amères ne devraient pas être admises pour plus d'un tiers, et les pommes aigres pour plus d'un quart ou même d'un cinquième sur l'ensemble d'une exploitation.

Quant aux poiriers à cidre, je crois qu'il faut s'abstenir d'en planter sur les terres arables, parce que ces arbres, dont les racines tracent beaucoup plus que celles du pommier, et dont les tiges et les branches s'élèvent et s'étendent beaucoup plus aussi, seraient très-nuisibles aux récoltes des plantes cultivées. Néanmoins, comme le cidre de poires, de qualités bien choisies, peut, dans certaines années, être d'une grande ressource, on pourrait en planter sur les talus des champs les plus rapprochés des habitations.

SECTION III.

DU CIDRE ET DE SA FABRICATION.

Le cidre est une boisson agréable et saine, quand il est fabriqué avec intelligence et avec soin. On peut en faire de très-bon avec des pommes douces, sans aucun mélange de pommes amères ou de pommes aigres, mais il est indispensable de le conserver plus longtemps avant de le mettre en consommation. J'en ai fait fabriquer avec les espèces les plus douces, avec le *doux-auvéque* ou le *doux-à-l'évêque*, qu'on ne buvait que la seconde année. On m'a affirmé qu'il n'avait pas l'inconvénient de noircir ou *de se tuer*, suivant le langage vulgaire, vice reproché cependant au cidre fabriqué uniquement avec des pommes douces ou avec une quantité de pommes douces, double ou triple de celle des pommes amères ou aigres. On m'a dit encore qu'il ne devenait pas onctueux ou *filant*, pour me servir de l'expression usitée dans le pays. Je pense que le procédé le plus sûr pour faire de bon cidre est 1° de choisir les espèces de pommes qui parviennent dans le même temps à une complète maturité; 2° d'opérer le mélange des pommes douces, amères ou aigres, dans les proportions suivantes : trois sixièmes de douces, deux sixièmes d'amères et un sixième d'aigres, proportion que l'on doit augmenter ou diminuer, selon que les pommes sont plus ou moins douces, plus ou moins amères, plus ou moins aigres. L'eau me semble, d'après mon expérience, être un élément nécessaire d'une bonne fabrication. La quantité sera différente, suivant que les pommes donneront plus ou moins de jus. Elle peut varier du cinquième au sixième par deux hectolitres vingt-huit litres de cidre. Depuis quelques années, on en a exagéré la dose, qui doit être moindre quand on veut conserver le cidre plus longtemps. Je crois même que l'eau devrait être proscrite avec raison, si on se proposait de ne mettre le cidre en consommation que la seconde année seulement, à moins qu'il ne fût fabriqué entièrement avec des pommes douces, surtout très-douces, ou dans une année de grande sécheresse. Le cultivateur intelligent, je le répète, doit s'attacher aux espèces de pommiers qui conviennent le mieux à son terrain et qui produisent le plus régulièrement. Si l'on fabrique en observant l'ancienne méthode, il faut, lorsqu'on met les pommes broyées sur la table du pressoir, n'employer, pour en former des *mottes*, que des pailles bien pures, c'est-à-dire dans lesquelles il n'y ait aucune autre plante ou herbe, et se servir, par préférence, des pailles de seigle ou d'avoine. Une plante ou herbe odorante, comme la menthe sauvage ou le lierre terrestre, qui y serait mêlée, communiquerait au cidre un mauvais goût. Avec les presses nouvellement inventées et déjà bien répandues dans nos campagnes, l'usage de la paille n'est plus utile. Le broiement des pommes se fait très-rapidement avec les moulins à cylindre, aussi d'invention nouvelle ou perfectionnés. Si on veut donner beaucoup de couleur au cidre, une couleur orange foncé, il suffit de mettre la pulpe broyée des pommes dans des cuves et de l'y laisser pendant vingt-quatre ou quarante-huit heures, avant de la presser et d'en extraire le jus. Lorsque la température sera douce, la durée du dépôt dans les cuves devra être réduite à vingt-quatre heures.

Le cidre de poires aurait beaucoup de qualité et aurait de la ressemblance avec le vin blanc, si on faisait toujours choix de poires des meilleures espèces. Il ne supporte pas l'eau comme le cidre de pommes, mais il est susceptible de se bien conserver en bouteilles de grès. Plus capiteux, plus pétillant et plus apéritif que celui de la pomme, il est moins bienfaisant et pourrait même être nuisible à la santé, si on en buvait avec excès ou seulement à tous ses repas.

Pour l'un et l'autre cidre, et comme condition essentielle de leur bonté et de leur conservation, il faut entretenir, dans un état de grande propreté, les tonnes, futailles et barriques où on le renferme. Lorsque ces vaisseaux ont contracté, par négligence ou autrement, une mauvaise odeur, on doit les faire démonter, faire gratter les madères à l'intérieur, et même les flamber à un feu clair. On les rince ensuite, et si on trouve que l'eau ait un mauvais goût, on renouvelle cette opération jusqu'à ce qu'elle l'ait perdu. Il ne faut mettre le cidre en bouteilles qu'après le mois de mars. Il y a des précautions à prendre pour que les bouteilles ne soient pas brisées par la force de la fermentation. La meilleure est peut-être de jeter du linge mouillé sur les bouteilles placées debout pendant deux ou trois jours, après lesquels on les bouche. Il serait même sage de ne les boucher qu'à demi d'abord, et de laisser s'écouler encore deux ou trois jours avant d'enfoncer les bouchons à demeure, ce qui exigerait qu'on les laissât debout jusqu'à cette opération finale.

CHAPITRE V.

DES ASSOLEMENTS, DES LABOURS PRÉPARATOIRES ET DES ENSEMENCEMENTS.

SECTION Ire.

DES ASSOLEMENTS.

On entend par assolement la division des terres d'une exploitation ou d'une ferme, en cultures de diverses natures, et la succession ou rotation de ces mêmes cultures, de manière à rendre plus abondantes et de meilleure qualité les productions qu'on en espère.

L'assolement suivi autrefois dans les départements de la Bretagne, et qui est encore observé dans quelques localités où l'agriculture est le moins avancée, était triennal et invariable. La première année, sarrasin; la seconde année, froment, seigle ou méteil; la troisième année, avoine. Dans les bonnes terres, on renouvelait ces trois cultures dans le même ordre. Si les terres étaient de médiocre qualité ou si elles étaient infestées de mauvaises herbes, on les laissait reposer, du moins en partie. C'était ce repos complet, absolu, qui, comme je l'ai dit au chapitre III, constituait la jachère dans notre pays. Cet usage était plus particulièrement pratiqué là où les engrais étaient plus rares, sur les exploitations éloignées des villes et de la mer. On peut encore s'y conformer avec quelque avantage dans certains cantons, où les terres qu'on cesse de cultiver donnent, pendant deux et même trois ans, de gras pâturages et souvent d'assez bonnes récoltes de foin ; mais alors, on ferait bien de recourir à l'emploi des engrais à l'état liquide, si on pouvait s'en procurer, procédé dont j'ai déjà parlé, et sur lequel je reviendrai dans un autre chapitre.

L'agriculture ayant fait des progrès et les engrais et amendements étant devenus plus communs, en même temps que le transport en a été rendu plus facile dans quelques arrondissements par l'amélioration de chemins vicinaux, on ne veut plus que la terre reste inculte et on exige même d'elle, quelquefois, deux productions dans le cours d'une année. C'est la proscription ou l'abandon de la jachère, appelée par nos paysans *séjour*, parce qu'elle était pour le sol une sorte de *halte*, qu'on regardait comme nécessaire pour réparer ses forces productives.

La culture des plantes fourragères et des plantes sarclées, à laquelle on a donné une grande extension, a permis aussi de régler tout autrement les assolements, de les prolonger, de les varier. C'est pour ainsi dire, actuellement, une rotation perpétuelle de produits, puisque la terre ne doit plus rester en chômage. On a créé des assolements de quatre, de cinq ans, et chacun a cru mieux faire que ceux qui l'avaient devancé. A cet égard, mon opinion est que chaque cultivateur doit adopter l'assolement qui convient le plus à la nature de sa terre, et qui, par des circonstances toutes locales, lui offre le plus d'avantages ou de profits. Je n'engagerai point les petits propriétaires et les fermiers à renoncer à la culture du sarrasin. Ce grain, qui contribue puissamment à leur alimentation comme à celle de leur bétail, supplée bien souvent à une faible récolte de froment, de seigle ou de méteil. Il introduit dans la nourriture des paysans peu à l'aise, qui voient rarement des viandes sur leurs tables, une variété de mets presque nécessaire, et qu'ils aiment. Si l'aliment que ce grain leur procure est, en apparence, grossier, il est reconnu pour très-salubre. Les labours successifs qu'il faut faire pour ensemencer le sarrasin, accomplis dans les mois de février ou mars, de mai et de juin, détruisent ou donnent toute facilité pour détruire les herbes nuisibles, et préparent très-bien les terres à recevoir les céréales proprement dites. Continuez donc, habitants de nos campagnes, à cultiver le sarrasin, mais gardez-vous de négliger celle des plantes fourragères et des plantes sarclées, dont je vous ai démontré, tout d'abord, l'importance, que je vous ai signalées comme la principale source de la richesse agricole. Vous aurez donc soin d'avoir, chaque année, en sarrasin, en grand trèfle rouge ou *trémaine*, d'une année de coupe seulement, en vesces, pommes de terre, pois, fèves, etc., la quantité de terrain que vous vous proposez d'ensemencer en froment ou autres grains propres à le remplacer. L'avoine d'automne sera semée dans les terres qui ont produit le froment, le seigle ou le méteil l'année précédente, ainsi qu'on le fait depuis longtemps.

SECTION II.

DES LABOURS PRÉPARATOIRES.

Les labours préparatoires désignés sous le nom de guérets doivent être faits en hiver, ou même dès le mois de septembre pour l'orge dite paumelle et pour les plantes sarclées; ceux qu'on veut affecter au sarrasin se font ordinairement en février, mars ou même en avril, si la saison a été pluvieuse. Il vaut mieux tarder à les faire que de les entreprendre par un mauvais temps. La terre ne *consommerait* pas, ne *mûrirait* pas, si elle était labourée lorsqu'il pleut, ou lorsque les eaux dont elle a été fortement abreuvée ne sont pas retirées suffisamment. Quelle que soit la forme que l'on adopte pour les guérets, et celle en planches de deux mètres de largeur me semble mériter la préférence, on doit immédiatement les bien *clore*, c'est-à-dire fermer avec la houe, le rateau ou le hoyau, dit *boucard*, tous les intervalles existant entre les billons ou *traits* de charrue, afin que les mauvaises herbes soient étouffées, et que la terre *consomme* par une sorte de fermentation qui s'y opère. Quand approche l'époque des ensemencements, on ouvre les guérets avec la charrue, on hache la terre ou on la divise à bras avec les instruments ci-dessus désignés, la houe, le hoyau, ou enfin et mieux encore, à l'aide d'une herse ou d'un rouleau lourd et présentant des aspérités. Après l'avoir ainsi ameublie, on ensemence. Tous les guérets ou premiers labours doivent être profonds, si le sol le permet; mais quand on sème, il ne faut pas trop couvrir de terre les graines, même celles des céréales.

SECTION III.

DES ENSEMENCEMENTS.

Les ensemencements se font presque toujours à l'automne ou au printemps. Ceux du froment, du seigle, du méteil et de la grosse avoine blanche, se font en automne. Dans les terres humides, on doit se hâter de les faire dès le mois d'octobre, pour les terminer au 15 novembre au plus tard; car, autrement, les pluies et les glaces pourraient devenir un obstacle à la continuation de ces travaux. On commence par semer la grosse avoine blanche, bien supérieure, pour le rendement et pour la qualité, aux avoines de printemps. Tout cela n'est pas sans exception, car il y a des froments et des avoines que l'on sème au printemps, et l'on peut ensemencer à l'automne les pommes de terre et les topinambours, mais il faut placer les tubercules à une plus grande profondeur. L'expérience a démontré que les pommes de terre, déposées à une profondeur de vingt-cinq à trente centimètres, ne souffrent pas des glaces et donnent de très-beaux produits. Le topinambour résiste bien au froid et peut, par conséquent, hiverner sans inconvénient. En prenant pour guide les lois de la nature, on serait conduit à penser que les graines des plantes indigènes pourraient être semées à l'époque de leur parfaite maturité; mais, pour éviter la destruction qu'en feraient une foule d'insectes, les oiseaux et la classe nombreuse des animaux rongeurs, il est plus sage de ne les mettre en terre qu'au printemps. Le trèfle incarnat est semé néanmoins à l'automne et même dès le mois de septembre. Le grand trèfle rouge, dit *trémaine*, l'est au printemps dans les paumelles, le lin ou le sarrasin. On peut aussi le semer en avril ou en mai dans le froment. Il y a plus de quarante ans que j'en ai fait semer avec succès de cette façon. Dans les années favorables, il parvient à une hauteur de trente à quarante centimètres, et, par son mélange avec la grosse paille de froment coupé à cette même hauteur, donne un excellent fourrage. L'ajonc se sème aussi sur l'avoine, sur le froment, le seigle ou le méteil. On fait passer sur ces céréales le rateau ou une herse légère, on répand la graine de trèfle et d'ajonc, puis on fait traîner par-dessus un faisceau de bois épineux; on peut même supprimer cette dernière opération. Je n'ai pas la prétention d'indiquer la quantité de semence de toute espèce qu'on doit mettre en terre par hectare. Je me bornerai à faire remarquer qu'en général, dans nos départements, on la prodigue beaucoup trop, et que, bien souvent, on la couvre de trop de terre. Deux hectolitres de froment doivent suffire pour un hectare, quand le sol est dans un bon état de culture, qu'il est bien fumé et purgé des herbes nuisibles. En seigle et en méteil, la quantité peut être moindre. Cependant, quelques laboureurs de la Bretagne sèment jusqu'à trois hectolitres et même un peu plus, de ces céréales par hectare. Des expériences, récemment faites dans le midi de la France, ont démontré que la profondeur à laquelle il convient le mieux de déposer en terre le froment, est celle de cinquante-cinq millimètres. A cette profondeur, cent quarante grains ont donné à la moisson quinze cent quatre-vingt-seize épis, qui ont produit trente-six mille quatre cent quatre-vingts grains; c'est près de deux cent soixante pour un.

Je reproduis ici un article que j'avais fait insérer, le 16 juin dernier, dans le *Journal d'Agriculture pratique* qui s'imprime à Rennes:

« Suivant le compte que j'en ai fait et fait faire, un kilogramme de froment contient, en moyenne, 24,000 grains, ce qui donne, pour 100 kilogrammes, 2,400,000 grains. En supposant que l'on sème par hectare 150 kil., c'est 3,600,000 grains. Or, avec une culture même très-peu soignée, chaque grain peut produire trois tiges, par suite trois épis, et chaque épi au moins vingt grains. Ce serait donc soixante fois 3,600,000 grains ou 216,000,000, ou enfin, à raison de 24,000 grains au kilog., 9,000 kil. par hectare, dont il faut déduire la semence ou 150 kil., reste 8,850 kilog., c'est-à-dire cinquante-neuf fois la quantité mise en terre ou 29 hectolitres. Il est de toute impossibilité qu'on obtienne un pareil rendement, qui cependant n'aurait rien d'exagéré, si la surface d'un hectare était susceptible de porter autant de plantes de froment qu'il y est répandu de grains de cette céréale. Que doit-on conclure de là? C'est que les quatre cinquièmes de la semence sont perdus pour la production. En effet, l'hectare de terre ne rend généralement, quand il est bien *traité*, que 20 hectolitres ou 1,500 kil., ou 7,500 kil. en moins du chiffre 9,000, ci-dessus énoncé. Si on réduisait de moitié le produit que nous avons admis de 59 grains pour un, au lieu de 9,000 kilog. par hectare, on n'aurait plus que 4,500 kilog. Ce serait encore deux fois et demie de plus que ce que les meilleurs cultivateurs de notre pays recueillent. Je sais que beaucoup de grains de froment, quoique sains en apparence, ne sont pas pourtant assez bien organisés pour germer et pour se reproduire; que, d'un autre côté, il faut faire une large part aux oiseaux, à une foule d'insectes et aux animaux rongeurs, tels que souris, mulots, etc.; mais je suis disposé à penser qu'un grand nombre de grains sont trop enfouis dans la terre et y pourrissent.

» Quoi qu'il en soit, on peut regarder comme certain qu'on sème beaucoup trop de grain. L'excédant de semence ne fût-il que de 20 kilogr. par hectare, ce serait pour la France entière une énorme quantité inutilement enlevée à la consommation. En admettant, ce qui, d'après les données qui m'ont été communiquées, ne doit pas s'éloigner beaucoup de la vérité, qu'on ensemence en froment, seigle ou méteil, dans les cinq départements de l'ancienne province de Bretagne, 400 mille hectares, ce serait une économie de près de 107,000 hectolitres. J'ai raisonné dans l'hypothèse où on ne confierait à la terre que 150 kilog., soit deux hectolitres par hectare; mais, il y a, en Bretagne, des localités où la quantité de semence est portée, aussi par hectare, jusqu'à 200 et même 220 kilog. (près de 3 hectolitres). Ceux qui prodiguent ainsi la semence pourraient, en la ramenant au chiffre de 150 kilog. par hectare, conserver dans leurs greniers et porter plus tard au marché, s'ils ne les employaient pas à leur consommation, autant de fois 50 ou 70 kilog. qu'ils ont chaque année d'hectares de terre destinés à la reproduction du froment, du seigle ou du méteil. Des expériences faites récemment dans le midi de la France ont prouvé que la profondeur à laquelle il convient le mieux de déposer le froment en terre, est celle de 55 millimètres. A cette profondeur, 140 grains ont donné à la moisson 1,596 épis qui ont produit 36,480 grains.

» Que l'on ne s'imagine pas que je sois ennemi des labours profonds, ce serait une erreur; j'en suis, au contraire, très-partisan; mais il faut faire une distinction. Les labours préparatoires doivent être profonds, et, à cet égard, on a bien raison de recommander et de pratiquer les défoncements, pour lesquels on a inventé, depuis peu de temps, des machines connues sous le nom de *défonceuses* et de *fouilleuses;* mais il en doit être autrement pour les labours d'ensemencement.

» Les observations qui précèdent sur le mode d'ensemencement du froment et des céréales, en général, m'ont été suggérées par l'examen des lois de la nature ou plutôt de la Providence. Quand l'homme n'intervient pas par son travail dans cette grande opération, comment la reproduction des plantes et des arbres se fait-elle? Les graines et les fruits tombent sur le sol nu, quelquefois, souvent même à la vérité, sur un lit d'herbes desséchées, sur des feuilles ou d'autres détritus végétaux; l'humidité les fait fermenter, le germe se développe et pénètre dans la terre. C'est ainsi que nos forêts se repeuplent; c'est ainsi que le gland, la châtaigne, la faîne, etc., abandonnés à eux-mêmes, se transforment en superbes arbres à la tige élancée, à la forte membrure, qui couvrent, de leurs rameaux et de leurs frais ombrages, le sol où les a fait naître et croître l'auteur de toutes choses.

» Rennes, le 10 juin 1856. »

CHAPITRE VI.

DES PLANTES FILAMENTEUSES OU TEXTILES, DU ROUISSAGE ET DES PLANTES OLÉAGINEUSES.

SECTION Ire.

DES PLANTES FILAMENTEUSES OU TEXTILES.

La culture de ces plantes, d'une utilité si grande et si incontestable, est encore, pour ainsi dire, dans l'enfance, du moins quand on porte son attention et ses regards sur la plupart des arrondissements de la Bretagne. Elle est, en effet, à peu près réduite à la mesure des besoins de chaque famille, mesure qu'elle n'atteint pas même dans quelques cantons, tandis qu'on pourrait en retirer de riches produits, comme le démontrent les résultats obtenus dans certains arrondissements seulement des Côtes-du-Nord, de la Loire-Inférieure, de l'Ille-et-Vilaine et du Finistère.

Nous sommes tellement arriérés sous ce rapport, que nous nous rendons tributaires des autres nations, qui nous vendent des chanvres pour nos corderies les plus importantes et des fils de lin pour nos tissus les plus fins et les plus beaux. Cependant, notre sol ne se refuse pas à la production de ces plantes, le chanvre et le lin, et si leur culture n'a pas toujours eu beaucoup de succès, c'est parce qu'on n'a pas donné les soins nécessaires à la préparation des terres auxquelles on a voulu en confier les graines. Pour ces deux plantes, il faut, à l'automne ou pendant l'hiver, bien fumer la terre, la labourer par un temps sec à dix-huit ou vingt centimètres de profondeur, et, quelle que soit la forme du labour, le bien clore avec le rateau, la houe plate ou la houe à deux dents, pour y bien renfermer le fumier, étouffer ou détruire les herbes et ameublir la terre par la fermentation qu'y opère le fumier, dont l'action est encore secondée par l'air, les pluies, les glaces, la neige. Au mois d'avril, de mai ou même de juin, suivant la température et la nature du sol, mais en mettant à profit quelques beaux jours, on ouvre son guéret avec la charrue, on passe la herse une ou deux fois, on extrait les mauvaises herbes qui n'ont pas péri et on ensemence. Après l'ensemencement du chanvre, il faut recouvrir la terre de fumier d'écurie peu consommé, ou, à défaut de fumier, de débris de paille de blé noir ou sarrasin. On couvre de même celle où a été semé le lin;

je ne parle ici que du lin d'été, soit de paille de blé noir hachée, soit de menus branchages. Ces précautions ont surtout pour but d'empêcher que les pluies d'orage, abondantes, ne durcissent la terre et ne forment une croûte au travers de laquelle les jeunes plantes très-délicates et grasses se feraient difficilement jour ou passage.

On pourrait trouver trop dispendieux le procédé que je viens d'indiquer, et qui ne peut guère être modifié, quant au chanvre. Pour ce qui est du lin, on peut se conformer à l'usage pratiqué, dans l'arrondissement de Lannion, pour la première préparation de la terre, et qui consiste à la couvrir, avant de faire le guéret, d'une forte couche de varech, goëmon, ou de paille de blé noir un peu pourrie ou un peu consommée. Les terres légèrement sablonneuses et les terres douces, friables, quoique non mélangées de sable, et profondes, conviennent bien au chanvre et au lin, mais les premières plus au chanvre qu'au lin et les secondes plus au lin qu'au chanvre. Plus tard, il n'y a plus qu'à faire le sarclage des mauvaises herbes. On peut marcher sur le jeune chanvre et sur le jeune lin sans les beaucoup endommager, car les plantes foulées ainsi se redressent la nuit suivante. Aujourd'hui qu'on a trouvé le moyen d'assouplir les filasses de ces deux plantes précieuses, et inventé des machines pour les convertir en fils aussi réguliers que remarquables par leur finesse, on doit être porté à donner une grande extension à leur culture. J'ai souvent pensé, on appellera cela un rêve si on veut, que dans un pays où on peut se procurer de belle filasse de chanvre et de lin, ainsi que des laines, on devrait attacher peu de prix au coton et même le dédaigner. Travaillées comme elles le sont maintenant, les filasses et les laines sont, en effet, transformées en tissus aussi légers que ceux de coton, plus beaux, plus sains et plus durables que ces derniers.

L'ortie vulgaire, qui croît naturellement dans la plupart de nos terres, qu'elle infeste, est aussi une plante filamenteuse qu'on peut utiliser. La filasse qu'on en peut obtenir est d'une couleur jaune citron et serait susceptible d'être employée sans autre préparation, sans teinture, à divers usages, à faire des chemises, des sarreaux et plus spécialement des bas et des chaussettes.

SECTION II.

DU ROUISSAGE.

Il serait bien à désirer qu'on pût proscrire le mode de rouissage des plantes filamenteuses, pratiqué jusqu'à présent le plus généralement, je veux dire le rouissage par et dans l'eau. Cet usage a de graves inconvénients, il présente même des dangers réels, car il infecte, il empoisonne les eaux, détruit le poisson, et peut donner la mort aux bestiaux ou rendre très-malades ceux qui s'y désaltèrent. De nouveaux procédés ont été indiqués par les hommes de la science, mais je n'en connais point encore qui soient satisfaisants, qui aient atteint le but, qui aient procuré les avantages qu'on en devait espérer. Dans quelques lieux, on opère le rouissage sur le pré, ce qui demande de grands soins, parce qu'il faut retourner souvent le lin et le chanvre, l'arroser quand le soleil est trop ardent, et d'ailleurs cette méthode est nuisible aux herbes, prive du pacage pendant longtemps, outre qu'il est indispensable d'avoir une vaste étendue de prairies, lorsqu'on se livre à une culture tant soit peu développée des plantes dont il s'agit, n'ensemençât-on même qu'un demi-hectare de chacune d'elles. En attendant qu'on soit parvenu à trouver un procédé qui puisse suppléer au rouissage par le séjour des plantes filamenteuses dans l'eau, nos cultivateurs, pour atténuer les inconvénients et les effets souvent désastreux de celui-ci, doivent creuser, dans quelques *coins* de leurs propriétés ou de leurs exploitations, des réservoirs dits routoirs, destinés à cet usage, et veiller à ce que leur bétail ne s'abreuve pas dans les eaux qui en découlent.

SECTION III.

DES PLANTES OLÉAGINEUSES.

Je n'avais pas le projet de donner une place dans ma brochure à la culture des plantes oléagineuses ou à graines oléagineuses; mais elle a fait tant de progrès depuis quelques années, même dans nos contrées, qu'il ne serait guère possible de la passer sous silence. Le nord de la France y consacre des étendues de terrain considérables, comme à celle de la betterave. Beaucoup de cultivateurs bretons, non contents du rendement des céréales, quoique le prix en soit élevé, ont adopté la culture du colza, qui a envahi nos meilleures terres. Nos agronomes, ceux-là même qui devraient le bon exemple, sont bien plus occupés de leurs intérêts individuels que du bien-être des masses. On a peine à s'expliquer le renchérissement des huiles, dans un temps où l'éclairage par le gaz de nos cités les plus populeuses devrait opérer une si grande économie de cette substance. Je ne suis point chargé de rechercher les causes d'un effet si extraordinaire. Il paraît que les arts et métiers en consomment beaucoup plus qu'autrefois; et, d'un autre côté, ce qui est plus que vraisemblable, c'est que l'huile d'olives, devenue sans doute plus rare, est remplacée dans nos cuisines et sur nos tables par des huiles de qualité inférieure, mais qui, bien travaillées, bien clarifiées et purifiées, usurpent la place et les priviléges de la première. Le colza, cultivé le plus souvent pour sa graine, peut être aussi envisagé comme un fourrage. Je ne dirai rien de plus sur la culture d'une plante que je trouve déjà trop répandue, et qui ne peut être comparée en rien à celles qui fournissent à l'homme les aliments les plus indispensables.

CHAPITRE VII.

DES ENGRAIS.

Les engrais sont pour la terre ce que les aliments sont pour l'homme. Après vous être livrés au travail, vous avez besoin de réparer vos forces, et ce besoin est d'autant plus grand que votre corps a éprouvé plus de fatigue. Il en est de même du sol que vous cultivez. Quand ses forces ont été épuisées totalement, ou seulement en partie, par les productions que vous en avez obtenues, il faut le *restaurer* en lui donnant des aliments, et les aliments qui conviennent à sa nature, à son *tempérament*, à sa constitution, ce sont, je le répète, les engrais. Ceux-ci se divisent en deux classes : l'une comprend les fumiers et l'autre les amendements. On pourrait écrire plusieurs volumes sur ce sujet; mais, ainsi que je l'ai annoncé, cela surpasserait mes moyens, et je ne veux que constater des faits, vous donner quelques conseils et quelques enseignements sous la forme la plus simple et en très-peu de mots.

SECTION Ire.

DES FUMIERS ET DES SOINS QU'ILS EXIGENT.

Les fumiers proprement dits se composent de pailles de fougères, de bruyères, d'ajoncs ou d'herbages, qu'on met comme litière sous les bestiaux, auxquels se mêlent leurs déjections qui font fermenter et pourrir ces diverses substances végétales qu'on répand souvent aussi dans les cours des fermes, où elles se décomposent de la même manière. La fiente de la volaille, combinée avec des pailles, forme encore un fumier. Il en est de même de l'urine et des excréments humains, quand on les *amalgame* avec des végétaux quelconques. Les fumiers ainsi produits ont des propriétés diverses, exercent plus ou moins d'action sur le sol et sur les plantes, ont plus ou moins d'efficacité, suivant l'emploi qu'on en fait. Le fumier provenant des animaux de la race bovine est plus onctueux, plus gras, mais a moins de chaleur que celui des chevaux, des moutons ou des porcs; sauf quelques cas particuliers, le mieux est d'en faire un mélange. Non seulement les fumiers sont favorables à la végétation des céréales et des autres plantes cultivées, mais ils réparent les pertes qu'ils ont fait subir au sol productif qu'on désigne sous le nom d'humus ou de terre *grasse*.

Les fumiers sont les engrais par excellence, ils méritent donc tous vos soins, et vous ne leur en donnez presqu'aucun, malgré les recommandations et les avertissements des hommes ayant plus de connaissances et même plus d'expérience que la plupart d'entre vous. Je vais les rappeler ici, parce qu'on ne doit pas se lasser de les reproduire aussi longtemps que vous ne vous y serez pas conformé.

Il faut choisir pour le dépôt des fumiers un lieu ombragé, soit par les bâtiments de l'exploitation, soit par des arbres, et peu élevé. Il conviendrait même d'excaver un peu le terrain et de le bien battre pour l'affermir le mieux possible, afin que le jus ou purin ne s'y infiltre pas. Chaque fois qu'on videra les écuries et les étables, le fumier sera à l'instant même étendu, pressé ou foulé avec les pieds. Autour du monceau, on ménagera des rigoles peu profondes, et à l'un des angles, un trou ou petit réservoir, suffisant néanmoins pour contenir le jus qui s'écoulera, même quand il surviendra des pluies abondantes. On se sert de ce jus ou purin pour arroser le tas de fumier lors des sécheresses. Dans le cas où il y en aurait plus qu'il n'en est besoin pour cet usage, on en disposerait comme il sera expliqué dans la section troisième de ce chapitre. Avant le rétablissement de l'impôt sur le sel, les propriétaires et fermiers qui n'étaient pas éloignés des côtes apportaient de l'eau de mer et en arrosaient leurs fumiers. Il est fâcheux que l'administration, qui craint qu'on ne se livre à des fabrications frauduleuses de sel, s'oppose d'une manière absolue à l'enlèvement de l'eau de mer, et prive ainsi l'agriculture d'une précieuse ressource, car cette eau ajoutait beaucoup à la propriété fertilisante des fumiers. Ne pourrait-on pas prendre des mesures qui concilieraient tous les intérêts?

SECTION II.

DES AMENDEMENTS.

Les amendements sont, depuis quelques années, très-multipliés et très-communs. D'un transport moins dispendieux que les fumiers, ils sont de nature très-diverses et peuvent contribuer à fertiliser toutes les espèces de terre, si on en fait un bon choix. Il en est qui les améliorent pour plusieurs années, et qui, par cette raison, ont droit à la préférence et même à la prédilection des cultivateurs. Il n'entre pas dans mon plan, et je ne le pourrais faire, d'énumérer les propriétés des nombreux amendements auxquels on peut recourir. On doit ranger dans la classe des amendements la cendre vive, la cendre de lessive, le noir animal de raffineries, les noirs animalisés, le guano, les matières fécales pulvérisées, la vase et le sable de mer, le varech ou goëmon, la chaux et les sablons calcaires. On trouve dans nos départements de la Bretagne beaucoup de dépôts et gisements de ces derniers sablons. Il en a été signalé (1) dans plusieurs communes du département d'Ille-et-Vilaine. Il en existe de très-considérables, et on pourrait presque dire d'inépuisables, dans les communes d'Evran, du Quiou, de Tréfumel et de Saint-Juvat, arrondissement de Dinan (Côtes-du-Nord). On en extraira d'énormes quantités et qui seront transportées à de grandes distances, aussitôt que nos chemins ruraux seront devenus praticables. On

---

(1) Voir le cours de chimie agricole de M. le professeur Malaguti, de 1856, à la quatorzième et dernière leçon.

accroîtrait dans une immense proportion la masse déjà existante des amendements, si les immondices des villes, que des canaux portent le plus souvent à nos fleuves et à nos rivières, étaient recueillies dans de vastes réservoirs ou bassins, desséchées et converties en poudrette, pour en rendre le transport plus facile et moins coûteux. Cela serait du moins possible dans les abords de quelques villes. Quant aux craintes que de pareils réservoirs inspireraient pour la salubrité publique, les émanations en pourraient être combattues et neutralisées par des procédés chimiques. J'ai cru devoir consigner ici une idée qui a été, sans doute, émise par d'autres, mais que des compagnies autorisées par le Gouvernement, peuvent transformer en fait, en une réalité.

SECTION III.

EMPLOI DES ENGRAIS ET AMENDEMENTS.

J'ai déjà déclaré plus haut qu'il doit être fait un emploi judicieux des fumiers et il en est de même des amendements. Comme règle pour déterminer la quantité d'engrais, fumiers ou amendements, il est bon de supposer que le printemps ne sera ni trop humide ni trop sec, ce qui est prendre un terme moyen en température. Il est d'autant plus difficile de fixer la quantité de fumier ou d'amendements par hectare, qu'elle doit varier suivant l'état de la terre. Si le sol est déjà riche en principes propres à la végétation et à la production, la dose des engrais devra être modérée, c'est-à-dire réduite d'un cinquième, d'un quart ou même de la moitié de celle habituellement admise. Si, au contraire, la terre que l'on veut ensemencer ou à laquelle on demande un produit quelconque a été négligée, il faudra forcer la dose. Une très-bonne méthode introduite en agriculture, et qui aurait été pratiquée d'abord par les Anglais, et à cet égard je n'affirme rien, est de réduire à l'état liquide tous les engrais et amendements qui comportent cette transformation sans perdre de leur qualité, et de les répandre sur les terres arables, mais principalement sur les prairies et les pâturages. Ce procédé s'applique parfaitement bien au jus ou purin de fumier et aux matières fécales qui se délaient promptement. On met ces substances à l'état liquide dans une futaille placée sur une charrette, derrière laquelle est une planche dont la surface est tournée vers le fond de la futaille. On arrache le bouchon ou bondereau, et le liquide, frappant avec force la planche, jaillit en éclats. Un appareil en ferblanc ou en tôle, troué comme ceux dont on se sert pour l'arrosement des rues et places des grandes villes, serait bien préférable. Tout laboureur d'une exploitation de quelqu'étendue sentira la nécessité d'avoir un appareil semblable, dont le prix est à la portée de chacun, quelle que soit sa position. On ne doit pas perdre de vue que les meilleurs fumiers pour les terres légères sont ceux qui sont bien consommés, bien pourris; que ceux, au contraire, qui sont chauds et peu réduits, conviennent mieux aux terres humides, compactes et froides. Quant aux amendements, ceux surtout qui sont très-actifs, ils doivent être employés en moindre quantité pour les terres légères de toute espèce, que pour les terres fortes. La prudence prescrit de ne pas en user pour deux récoltes consécutives dans le même terrain, de les alterner avec les fumiers d'une manière régulière. La vase de mer, dite tangue, présente des dangers pour les terres légères, quand on veut l'utiliser aussitôt après son extraction. Il faut la réserver pour l'année suivante, ou bien la combiner avec des terreaux ou vieilles terres, afin de l'amortir, de lui faire perdre de son acrimonie ou de sa causticité. Les amendements fort actifs, ceux où le principe calcaire est dominant, seraient nuisibles au sarrasin. Ce serait une erreur de croire que plus on force la quantité d'engrais, et plus la récolte sera abondante. L'excès ou le trop est peut-être plus à redouter que le trop peu. Dans le premier cas, la végétation est vigoureuse, fort active, quelquefois luxuriante, mais les plantes sont molles, sujettes à verser, et le rendement est bien au-dessous des espérances qu'elles avaient fait concevoir. Dans le second cas, si les engrais n'ont pas été répartis avec une extrême parcimonie, on peut encore compter sur une récolte moyenne.

CHAPITRE VIII.

DE L'ASSAINISSEMENT DES TERRES.

Si les engrais sont les aliments de la terre, ils ne suffisent pas toujours pour la maintenir en bon état de production. Il arrive qu'elle est atteinte d'une manière grave dans ses facultés les plus essentielles, qu'elle perd ainsi les principes de fécondité qui sont inhérents à sa nature. C'est au cultivateur laborieux, lorsqu'il reconnait la cause du mal qui jette le trouble dans les opérations auxquelles le Créateur l'a destinée, de recourir aux moyens que l'art et l'expérience mettent à sa disposition, pour rendre à cette nourrice de tous les êtres animés, sa vigueur et sa fertilité originelles. Elle souffre de la surabondance comme de la privation trop absolue de l'eau. Il faut l'*assainir*, lui restituer en quelque sorte la *santé*, soit en diminuant, soit en augmentant la quantité d'eau dans la proportion la plus favorable à la végétation. C'est ce qu'on obtient par le drainage et par les irrigations, qui sont l'objet de ce chapitre et en formeront deux sections.

SECTION Ire.

DU DRAINAGE.

Le mot seul de drainage et les tuyaux à l'aide desquels on le pratique aujourd'hui sont nouveaux. Quant au drainage en lui-même, j'en ai vu faire il y a plus de cinquante ans avec des fascines, avec des fagots, avec des buches ou avec des pierres. Dans les prairies où la charrue ne fonctionne pas, l'écoulement des eaux superflues et nuisibles était opéré au moyen de rigoles à ciel ouvert, mode très-imparfait, parce que les pieds des bestiaux, le travail des taupes, les éboulements produits par l'humidité même du sol, ont bientôt comblé ces rigoles. Nous sommes devenus plus habiles. On fabrique des tuyaux en terre cuite; on procède à des nivellements, et on fait en sorte que ces tuyaux, dans les terres arables, soient placés à une profondeur telle que le soc de la charrue ne puisse les atteindre. Ces tuyaux, dont la longueur n'excède pas vingt à vingt-deux centimètres, sont de calibres qui varient de quatre à six centimètres. Au reste, on fabrique presque partout de semblables tuyaux, dans les dimensions déterminées par les savants. Ceux du moindre diamètre sont appelés conducteurs, et les autres collecteurs. On forme avec les premiers des lignes qui sont toutes dirigées vers une autre ligne occupant la partie la plus basse du terrain qu'on veut assainir. On emploie pour les premières les petits tuyaux posés bout à bout et aussi rapprochés que possible. La grande ligne, à laquelle les autres aboutissent, est établie avec les tuyaux du plus fort calibre, disposés de la même façon. Celle-ci reçoit toutes les eaux et les verse dans un fossé ou dans un ruisseau. L'opération est, on le sent bien, susceptible de quelques modifications que les accidents du sol nécessitent. Bientôt, il y aura dans nos campagnes des ouvriers exercés à ce genre de travail, et munis des outils qu'il exige. Cette opération, dite drainage, donne, assure-t-on, de très-beaux résultats, trente ou trente-cinq pour cent du capital dépensé. Les ignorants, qu'on persuade difficilement, font des objections; ils disent : Si les tuyaux enfouis seulement à un mètre de profondeur sont recouverts ensuite d'une terre imperméable ou peu perméable, l'eau n'y parviendra pas et le but ne sera pas atteint, l'écoulement n'aura pas lieu, ce qui arrivera encore si des tuyaux mal confectionnés se décomposent, s'affaissent, ou si la ligne est rompue par toute autre cause. Des personnes qui se croient plus instruites, plus intelligentes, formulent une autre objection qui se résume ainsi : En admettant que le drainage présente des avantages, des bénéfices comme ceux qu'on lui attribue, comment se fait-il que le Gouvernement anglais et le Gouvernement français aient jugé nécessaire, pour le faire adopter et pratiquer, de mettre des fonds à la disposition des propriétaires? Cela se conçoit encore moins pour l'Angleterre, pays où les immeubles ruraux sont presque tous dans les mains d'hommes éminemment riches et puissants. Voilà des raisonnements, mais que peuvent les raisonnements contre les faits? On répondra donc aux incrédules et aux *ergoteurs*, que des essais nombreux ont constaté, jusqu'à l'évidence, l'efficacité du moyen, du drainage. On ajoute : Non seulement les drains, c'est ainsi qu'on nomme les tuyaux en terre cuite, recueillent les eaux surabondantes et les conduisent hors de votre champ, mais ils font circuler l'air dans ses entrailles, comme il circule dans vos poumons, et il résulte de ce double effet que votre terre se porte mieux, parce que, dégagée de l'eau superflue, elle *respire* plus librement, et c'est, pour et par cela, qu'elle est *assainie*, qu'elle est devenue plus saine, en d'autres termes, plus apte à la production.

Je suppose que je me suis exprimé de manière à être compris, d'une manière intelligible pour tous et chacun. Ce n'est pas tout, l'eau qu'apportent les drains, les tuyaux, a contracté, en traversant les terres, certaines qualités propres à activer la végétation ou la pousse des herbes. Si donc vous pouvez diriger cette eau sur vos prés, vous aurez, langage qui vous est familier, *fait d'une pierre deux coups*. Tout cela vous paraîtra merveilleux et presque miraculeux, mais ne sommes-nous pas dans un siècle fécond en miracles *apparents?* Auriez-vous pu penser que la parole se fût transmise à des distances de plusieurs centaines de myriamètres avec la rapidité de l'éclair à l'aide d'un fil de fer? Cependant ce miracle, qui n'en est un que pour les ignorants, se produit tous les jours. Si, vous trouvant à Rennes, à Saint-Malo ou à Brest, vous désiriez avoir des nouvelles d'un de vos fils, militaire et en garnison à Lille, à Strasbourg, à Marseille ou à Bayonne, elles vous parviendraient en quelques minutes. C'est bien autrement surprenant encore que les effets du drainage, auxquels, par conséquent, vous pouvez bien ajouter foi.

Les fermiers, qui ont des baux dont la durée ne s'étend pas au-delà de neuf années, ne doivent pas faire du drainage suivant le mode que j'ai essayé d'expliquer. Les petits propriétaires feront bien aussi de s'en abstenir, mais ils peuvent en pratiquer avec du bois ou des pierres, et pour des prés ou champs tellement inondés ou détrempés qu'ils seraient à l'état de marécages. Quant aux pièces de terre qui sont seulement très-humides, mais susceptibles néanmoins d'être labourées, un simple défoncement suffirait pour faire écouler les eaux ou les faire pénétrer dans le sol, de manière à ce qu'elles ne fussent plus nuisibles aux ensemencements et aux récoltes.

SECTION II.

DES IRRIGATIONS.

L'irrigation est une opération tout opposée à celle du drainage. Il s'agit, comme je l'ai annoncé au commencement de ce chapitre, de donner de l'eau aux terres qui en manquent, qui sont trop arides. C'est surtout pour les prés qu'on a recours à ce moyen de fertilisation. L'irrigation n'a pas uniquement pour but de rafraîchir un sol dépourvu d'humidité; elle est souvent pratiquée pour y amener des engrais que l'eau charie ou qu'elle tient en dissolution. C'est au propriétaire et au fermier, de mettre à profit les cours d'eau situés dans leur voisinage, de conduire sur leurs prés non-seulement les eaux courantes, mais les eaux pluviales, celles surtout qui proviennent des villages ou des cours des fermes et qui sont ordinairement grasses. Indépendamment de l'art. 644 du Code Napoléon, nous avons deux lois nouvelles et spéciales sur les irrigations, en date des 29 avril 1845 et 11 juillet 1847. Ces deux lois permettent, moyennant indemnité, la première de faire passer l'eau dont on a besoin sur la propriété d'un voisin ou de l'y déverser après s'en être servi, et l'autre d'appuyer le barrage établi sur un cours d'eau non navigable ni flottable, à la rive opposée appartenant à autrui. On peut dire de ces deux lois qu'elles n'en valent pas une bonne. Elles sont bien incomplètes, je veux dire qu'elles sont insuffisantes pour les besoins de l'agriculture.

CHAPITRE IX.

OBSERVATION DES PAILLES ET FOURRAGES DE TOUTE ESPÈCE.

SECTION Ire.

DES PAILLES ET FOINS.

Les pailles et foins devraient être mis en amas dehors, et les greniers d'une ferme ou de toute autre exploitation, être réservés pour les grains; mais pour bien conserver les pailles et foins, il faut que les amas soient bien faits. Il y a un choix à faire entre les deux formes le plus généralement adoptées et qui sont les seules praticables. C'est la forme pyramidale et la forme longitudinale. Une forte perche, un arbre mort et mieux un arbre vif, sont nécessaires pour servir de point d'appui aux amas de la première espèce, tandis que ceux de la seconde sont dispensés d'un semblable auxiliaire. Je donne la préférence à la forme longitudinale, qui offre plus de facilité pour l'extraction des pailles et fourrages, un homme pouvant toujours atteindre l'amas dans toute sa hauteur avec une fourche à dents recourbées. Les pyramides s'établissent avec plus de peine et demandent le concours d'un plus grand nombre de personnes et l'emploi d'échelles, ce qui n'est pas toujours sans inconvénient, j'allais dire sans danger, car j'ai été témoin d'accidents, de chutes, du haut de ces pyramides ou des échelles. Les amas de forme longitudinale exigent moins de travail, et leur confection ne compromet en rien la sûreté des ouvriers. Quand on veut mettre en consommation les fourrages amassés en pyramide, il faut attaquer celle-ci ou par la sommité ou par la base. Dans le premier cas, une échelle est encore indispensable, et de plus un instrument comme un tranche-marc, usité autrefois pour la fabrication du cidre; dans le second cas, lorsqu'on a sapé la base de la pyramide, la partie supérieure peut glisser sur son appui et tomber sur les personnes occupées à en détacher du fourrage. Quelle que soit la forme d'amas qu'on adopte, il convient de donner un peu de convexité au terrain sur lequel on pose ces amas, afin d'en écarter l'humidité, et même de creuser de très-petites rigoles à l'entour pour écouler l'eau et la diriger sur un point un peu éloigné. Quand on opte pour les amas de forme longitudinale, on doit réserver le plus mauvais foin ou les plus mauvaises pailles pour les afaîter. On les garantit contre la violence des vents en plaçant sur le haut, dans toute leur longueur, des chevrons ou des planches minces, qu'on y maintient au moyen de jeunes branches de chêne ou de ronces tordues attachées bout à bout, et dont les extrémités sont fixées à de petits poteaux ou pieux placés à la base des amas de l'un et de l'autre côté. Souvent on couvre ces amas avec de la paille bottelée qu'on dispose comme une toiture. J'en ai vu de si bien faits et de si bien couverts que les pailles et foins se conservaient, sans altération notable, pendant deux et trois ans.

SECTION II.

DES FOURRAGES *RACINES*, TELS QUE NAVETS, CAROTTES, BETTERAVES, POMMES DE TERRE & AUTRES.

Je comprends parmi les fourrages *racines* servant à la nourriture du bétail, les tubercules de pommes de terre et de topinambours, qui diffèrent cependant des racines proprement dites. Le meilleur moyen de les conserver est d'en former des silos, c'est-à-dire d'en faire des tas sous terre, quand il n'y a pas trop d'humidité, ou bien de les établir à la surface, mais en les recouvrant d'une forte couche de terre pour les préserver de l'atteinte des glaces. Dans l'un comme dans l'autre cas, il est sage de choisir un lieu élevé, ou de pratiquer encore autour des tas des rigoles, pour recevoir les eaux et les conduire à quelque distance. On pourrait, et il me semble que ce serait un bon procédé, placer des amas de grosse paille de froment ou de paille de sarrasin sur les dépôts de racines et de tubercules, qui seraient découverts au fur et à mesure qu'on disposerait des pailles pour la litière des bestiaux.

La consommation des pailles et des racines se ferait en même temps. On pourrait objecter que les pailles attireraient, en leur donnant un abri et une retraite, les animaux rongeurs, mais je ne pense pas que ce soit là un motif suffisant pour faire repousser la méthode que je viens d'indiquer, car ces animaux trouvent déjà un refuge dans les tas mêmes des racines et tubercules. On peut toujours en faire l'essai, sauf à l'abandonner si on reconnaissait qu'elle n'est pas bonne, parce qu'il y aurait un plus grand dommage causé.

CHAPITRE X.

DES PÉPINIÈRES, DES PLANTATIONS ET DU JARDINAGE.

SECTION 1re.

DES PÉPINIÈRES.

Je n'entends pas entrer dans le détail ou dans l'énumération de tous les soins qu'exigent la formation et l'entretien des pépinières; je veux seulement inviter les propriétaires de fermes ou d'exploitations de quelque étendue, à créer des pépinières d'arbres forestiers et même de certains arbres fruitiers, comme pommiers, poiriers, cerisiers, noyers et châtaigniers. Le fermier lui-même, quand il est chargé de remplacer les arbres fruitiers qui périssent de vétusté ou sont détruits par la violence des vents, ferait très-bien d'en avoir une pépinière, et d'y consacrer une petite portion du jardin ou d'un courtil voisin de son habitation. Il faut d'abord, pour obtenir de bons résultats, bien préparer et bien fumer la terre qu'on y destine. Après une ou deux cultures, lorsqu'elle est devenue bien meuble, on plante les jeunes sujets à la distance de soixante centimètres entre les rangs et de quarante-cinq centimètres entre les *pieds*. Pendant les premières années, on peut utiliser l'espace entre les rangs en y semant des carottes, des laitues, des oignons et autres légumes, à l'exception toutefois des choux et des navets, qui pourraient infester le jeune plant de pucerons et de chenilles. Le chanvre ne lui nuirait en rien et serait même de nature, par son odeur, à en éloigner les insectes de toute espèce. Si on n'espaçait pas les sujets autant que je l'ai indiqué, ils s'étioleraient. On doit les élaguer avec beaucoup de réserve, et même ne couper que les branches dites gourmandes et les doubles tiges; autrement, on aurait des arbres trop grêles, incapables, quand ils seraient transplantés, de résister à la violence des vents. Depuis quelques années, on a singulièrement exagéré l'élagage des arbres en pépinière ou mis en place. C'est à la fin d'octobre et en novembre, en février ou mars, qu'on doit former les pépinières, avec du plant de deux ou trois ans de semis au plus. Les petits propriétaires et les fermiers, qui ne font pas des plantations considérables, pourraient se borner à placer de jeunes sujets autour de leur jardin ou des carrés à la distance d'un mètre ou d'un mètre 50 centimètres, ce qui suffirait pour leurs besoins, et le plant ne serait que plus beau. Le grand avantage des pépinières sur les fermes et exploitations rurales, c'est d'avoir son plant à proximité des lieux où on doit le placer plus tard, de sorte qu'il est arraché et remis en terre presqu'aussitôt, ce qui est une garantie de réussite pour les plantations.

SECTION II.

DES PLANTATIONS.

L'époque la plus favorable pour les plantations de presque tous les arbres est, sans contredit, l'automne, depuis le commencement de novembre jusqu'à la fin de décembre. En général, et lorsque le sol n'est pas trop humide, la profondeur à laquelle on doit planter est celle de 40 à 50 centimètres. Cette dernière profondeur ne convient que pour les terres arides. Dans la plupart des sols, il ne faut pas planter à plus de 40 à 45 centimètres de profondeur. Il est bon, sauf pour les pommiers plantés dans les terres arables, de faire faire les fosses deux ou trois mois à l'avance. On dépose sur un des côtés de chaque fosse les gazons, que l'on retourne pour qu'ils pourrissent ou consomment. On place sur l'autre côté la terre meuble. Lorsqu'on plante, on jette au fond de la fosse les gazons qui forment un engrais, on les divise avec le tranchant de la bêche et on pose l'arbre dessus, puis on garnit les racines avec la terre meuble qu'on avait retirée de la fosse. Lorsque les racines sont bien étendues, bien garnies et bien recouvertes avec cette terre, on soulève un peu l'arbre par sa tige en l'agitant doucement; on achève de remplir la fosse et on fait autour de l'arbre une patte ou butte de trente à quarante centimètres d'élévation, pour le mieux maintenir contre la force des vents. Il faut se garder de couper toutes les branches latérales de l'arbre; on ne doit supprimer que les plus fortes, en veillant à ce que celles que l'on ménage soient étagées ou échelonnées aussi bien qu'il est possible sur toute la hauteur de la tige. Si on plante en futaie, la distance à observer entre les pieds doit, dans mon opinion, être de six à huit mètres et entre les rangs de 18 à 20. Lorsque le terrain est très-humide, il faut planter à la surface, après avoir retourné le gazon. On pourrait néanmoins faire des fosses, comme je l'ai dit plus haut; mais au moment de planter, on les comblerait en plaçant au fond les gazons et au-dessus la menue terre. L'arbre n'est alors assujéti qu'au moyen de la *patte* à laquelle on donne un peu plus de dimension en largeur et hauteur que dans le premier système de plantation. On coupe toutes les racines à leurs extrémités en pied de biche de dessous en dessus, afin que la coupe s'applique bien sur le sol. On apporte un grand soin à conserver les racines les plus fines et les plus déliées, qu'on désigne sous le nom de *chevelu*, qu'on divise sans trop les presser avec la main et qu'on étend dans toute leur longueur. Le procédé de planter à la surface devra surtout être pratiqué dans les landes humides, et on commencera par faire un labour en planches de trois à quatre mètres de largeur, entre lesquelles on creusera des rigoles un peu profondes pour écouler les eaux. La terre qu'on extraira pour faire ces rigoles sera jetée sur les planches, afin de les exhausser et d'une manière régulière, autant que les accidents du terrain le permettront. Les arbres mis à place ne seront élagués qu'après quatre ou cinq ans de plantation, et cette opération devra se réduire à la suppression des branches les plus fortes et qui enlèveraient trop de sève à la tige principale. On fera bien de couper la première fois ces branches à trente ou quarante centimètres de la tige. Plus tard, on les recèpe entièrement rez-tige ou tout près de la tige, et bien franchement pour que l'écorce recouvre mieux et plus promptement la coupe. On ménage, en les alternant autant qu'il est possible, les branches faibles pour que l'arbre grossisse en même temps qu'il s'élève. Dans nos départements, on veut avoir tout à la fois, des arbres propres aux constructions et des arbres produisant des émondes, ce qui ne peut s'obtenir que de certaines essences comme chênes, charmes, ormeaux et frênes; on agirait sagement en plantant alternativement sur les talus un des plus beaux sujets, et un des sujets médiocres dont on couperait la sommité, comme je l'ai déjà enseigné. Ces derniers seraient destinés à donner des émondes. Les autres seulement seraient soignés et élagués, ainsi que je l'ai dit, pour leur faire une belle tige.

SECTION III.

DU JARDINAGE.

Les fermiers et petits propriétaires, dans les départements de la Bretagne, ont le plus grand tort de négliger la culture de leurs jardins, dont ils peuvent retirer de très-bons produits. Dans la belle saison, les légumes contribuent, dans une assez large proportion, à l'alimentation de la famille. Les choux, les poireaux, les carottes et les navets fournissent, dans presque tout le cours de l'année, de précieux éléments pour le potage; les fèves, les petits pois et les haricots donnent en vert et en sec une excellente nourriture. Lorsqu'on en fait un repas chaque jour, les légumes entretiennent la santé en rafraîchissant le corps. Je ne saurais trop engager nos laboureurs et tous les habitants de nos campagnes à donner tous leurs soins à leurs potagers ou jardins, et je saisis cette occasion pour recommander à ceux qui ne la pratiquent pas, la culture *en grand*, dans les champs les plus rapprochés de leurs habitations, des petits pois et des fèves qui, en sec, se vendent toujours bien et sont employés avec beaucoup de succès à l'engraissement des porcs et des volailles, à la chair desquels ces légumineux communiquent un goût fin, en la rendant aussi plus succulente (1).

D. GAGON.

(1) Tout ce qui précède a été inséré dans le journal *le Progrès, Courrier de la Bretagne*, n°s des 26 juillet, 2, 5, 7, 12, 14, 19, 21, 23, 26 et 28 août 1856.

www.ingramcontent.com/pod-product-compliance
Lightning Source LLC
LaVergne TN
LVHW021001090426
835512LV00009B/2000